できる ポケット

Outlook
アウトルック

困った!&便利技
265
Office 2021 &
Microsoft 365 対応

三沢友治 & できるシリーズ編集部

JN005941

インプレス

本書の読み方

操作手順

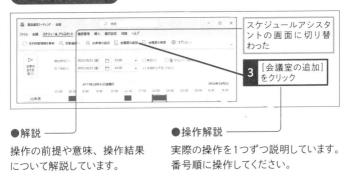

スケジュールアシスタントの画面に切り替わった

3 [会議室の追加]をクリック

●解説

操作の前提や意味、操作結果について解説しています。

●操作解説

実際の操作を1つずつ説明しています。番号順に操作してください。

関連情報

操作内容を補足する要素を種類ごとに色分けして掲載しています。

●ショートカットキー

ワザに関連したショートカットキーを紹介しています。

●関連ワザ

紹介している機能に関連するワザを参照できます。

●役立つ豆知識

ワザに関連した情報や別の操作方法など、豆知識を掲載しています。

●ステップアップ

一歩進んだ活用方法や、もっと便利に使うためのお役立ち情報を掲載しています。

お役立ち度
各ワザの役立ち度を星の数で表しています。

対応バージョン
各ワザを実行できるバージョンを表しています。

動画で見る
解説している操作を動画で見られます。詳しくは4ページで紹介しています。

128

Q 会議室の空き状況も一緒に確認するには

動画で見る

2021 365
お役立ち度 ★★★

A スケジュールアシスタントで会議室の空き状況も確認できます

Exchange Onlineでは複数人が同時に会議に参加することも想定しているため、会議室やプロジェクターといった備品を予約する[リソース]機能が追加されています。法人向けのメールサービスとなるExchange Onlineは一般ユーザーとは別にExchange Onlineの全体設定を管理する「管理者」が設定の大半を担っています。管理者は組織の情報システム部門が担当することが多いです。会議室は予約順で利用が確定していくため、空いていれば自動的に予約されます。

[予定表]画面を表示しておく

1 作成済みの会議をダブルクリック

会議の詳細画面が開いた

2 [スケジュールアシスタント]タブをクリック

スケジュールアシスタントの画面に切り替わった

3 [会議室の追加]をクリック

関連 130 Teamsを使ったビデオ会議を招集するには ▶ P.186

第6章 ビジネスでOutlookを快適に使う応用ワザ

※ここに掲載している紙面はイメージです。実際のレッスンページとは異なります。

ご利用の前にお読みください

本書は、2022 年 10 月現在の情報をもとに Windows 版の「Microsoft 365 の Outlook」「Microsoft Outlook 2021」の操作方法について解説しています。本書の発行後に「Outlook」の機能や操作方法、画面などが変更された場合、本書の掲載内容通りに操作できなくなる可能性があります。本書発行後の情報については、弊社の Web ページ（https://book.impress.co.jp/）などで可能な限りお知らせいたしますが、すべての情報の即時掲載ならびに、確実な解決をお約束することはできかねます。また本書の運用により生じる、直接的、または間接的な損害について、著者ならびに弊社では一切の責任を負いかねます。あらかじめご理解、ご了承ください。

本書で紹介している内容のご質問につきましては、巻末をご参照のうえ、お問い合わせフォームかメールにてお問合せください。電話や FAX 等でのご質問には対応しておりません。また、本書の発行後に発生した利用手順やサービスの変更に関しては、お答えしかねる場合があることをご了承ください。

動画について

操作を確認できる動画をYouTube動画で参照できます。画面の動きがそのまま見られるので、より理解が深まります。二次元バーコードが読めるスマートフォンなどからはワザタイトル横にある二次元バーコードを読むことで直接動画を見ることができます。パソコンなど二次元バーコードが読めない場合は、以下の動画一覧ページからご覧ください。

▼動画一覧ページ

https://dekiru.net/outlook2021pbp

●用語の使い方

本文中では、「Microsoft Outlook 2021」のことを、「Outlook 2021」または「Outlook」、「Microsoft 365 Personal」の「Outlook」のことを、「Microsoft 365」または、「Outlook」と記述しています。また、本文中で使用している用語は、基本的に実際の画面に表示される名称に則っています。

●本書の前提

本書では、「Windows 11」に「Microsoft Outlook 2021」がインストールされているパソコンで、インターネットに常時接続されている環境を前提に画面を再現しています。

目次

第1章 Outlookの基本ワザ

第2章 メールの送受信とトラブル対策

第5章 連絡先の登録とタスクの管理

第 6 章 ビジネスでOutlookを快適に使う応用ワザ

第7章 外出先でも手軽にチェック! スマホアプリの活用

第 1 章

Outlookの
基本ワザ

Outlook はインストールしただけでは利用できません。この章ではメールアカウントの設定を中心とした初期設定と、使いやすくするカスタマイズ方法を解説します。

Q Outlookにメールアカウントを登録するには

A Outlookを最初に起動したときに登録します

Outlookを利用するにはまずメールサービスのメールアカウントを登録しましょう。ここではOutlook.comのメールアドレスを登録します。Outlookを初めて起動する場合は初期設定が必要となるため自動的に以下の画面が表示されます。Outlookにはメールアドレスから各種情報を自動設定する機能が備わっているため、簡単な入力だけですぐにメールサービスの登録が完了します。なお、Outlook 2013以前のバージョンではメールサーバーの情報などを入力する必要があります。アカウント取得時の画面表示に従って詳細な設定を行ってください。

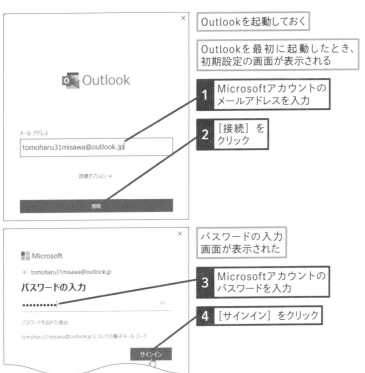

Outlookを起動しておく

Outlookを最初に起動したとき、初期設定の画面が表示される

1 Microsoftアカウントのメールアドレスを入力

2 [接続] をクリック

メール アドレス
tomoharu31misawa@outlook.jp

詳細オプション ˅

接続

パスワードの入力画面が表示された

■ Microsoft

← tomoharu31misawa@outlook.jp

パスワードの入力

••••••••••

パスワードを忘れた場合

tomoharu31misawa@outlook.jp についての電子メール コード

3 Microsoftアカウントのパスワードを入力

4 [サインイン] をクリック

サインイン

利用規約　プライバシーと Cookie　...

MicrosoftアカウントをWindowsに
記憶させるか確認される

5 [次へ] を
クリック

メールアカウントがOutlookに
追加された

6 [Outlook Mobileをスマート
フォンにも設定する] をクリック
してチェックマークをはずす

7 [完了] を
クリック

🎵 ステップアップ

半年間最新機能が使えない！？

Microsoft 365は日々機能の更新が行われます。法人内で利用している場合、利用者のサポートの観点から、半年に1度の更新間隔を採用することがあります。また、事前に動作検証を行ったOutlookを組織全体に配る形の場合、毎月もしくは半年に1度の更新とする場合もあります。この更新間隔は一般法人向けのMicrosoft 365の場合に利用者が適宜変更できますが、情報システム部門など、会社全体で管理されている場合は設定変更ができないように制御されていることもあります。

002

2021 365
お役立ち度 ★★

A Gmail で IMAP を有効化します

第1章 Outlookの基本ワザ

OutlookでGmailを扱う場合、Gmail側での設定変更が必要です。Gmailに
はIMAPとPOPの2種類、Outlookと接続する方法が用意されています。IMAP
で接続するとGmail内にメールを残すことができ、OutlookアプリとWebブラ
ウザーを併用できます。Gmailを引き続きWebブラウザーで利用したい場合は
IMAPでの接続がお薦めです。OutlookでGmailを扱えるようにすると、インター
ネットに接続していなくてもメールの作成や閲覧ができるようになります。どち
らの接続方法を選んでも、GmailとOutlook間のやり取りは暗号化されるため、
安全にメールの送受信が行えます。

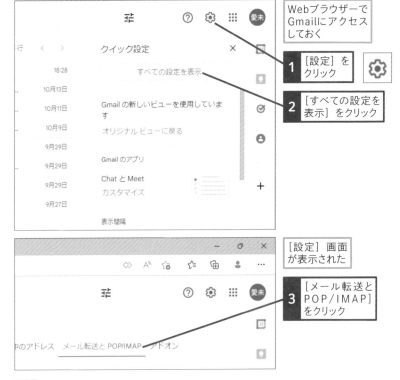

Webブラウザーで
Gmailにアクセス
しておく

1 [設定] を
クリック

2 [すべての設定を
表示] をクリック

[設定] 画面
が表示された

3 [メール転送と
POP/IMAP]
をクリック

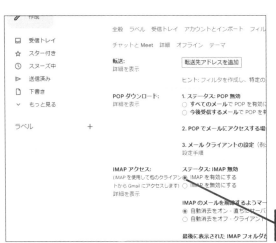

4 [IMAPを有効にする] をクリック

5 ここを下にドラッグしてスクロール

6 [変更を保存] をクリック

ワザ003を参考にGmailのアカウントを設定する

関連
001

Outlookにメールアカウントを
登録するには
▶ P.14

003

Q Gmailアカウントを
追加するには

2021 365
お役立ち度 ★ ★

A Backstageビューで [アカウントの追加] を
クリックします

Googleが提供するメールサービスであるGmailのアカウントもOutlookに追加できます。Gmailはクラウドサービスなので、データはパソコン内ではなくクラウドに保存されています。そのためクラウドへのアクセス情報をOutlookに設定します。設定前には、必ずGmail側でIMAPを有効化しておきましょう。Outlook 2021はGmailのかんたん接続に対応しているため、メールアドレスを入力した後にパスワードを入力するだけで設定が完了します。Gmailの多要素認証を利用している場合はパスワード入力を行うことなくスマートフォンからログインすることもできます。

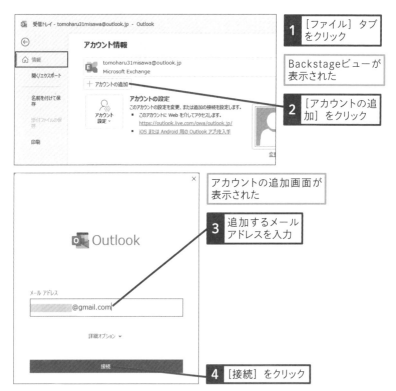

受信トレイ - tomoharu31misawa@outlook.jp - Outlook

アカウント情報

ⓘ 情報

開く/エクスポート

名前を付けて保存

添付ファイルの保存

印刷

tomoharu31misawa@outlook.jp
Microsoft Exchange

＋ アカウントの追加

アカウントの設定
このアカウントの設定を変更、または追加の接続を設定します。
アカウント設定 ▾
■ このアカウントに Web を介してアクセスします。
https://outlook.live.com/owa/outlook.jp/
■ iOS または Android 用の Outlook アプリ入手

1	[ファイル] タブをクリック
2	Backstageビューが表示された
3	[アカウントの追加] をクリック

アカウントの追加画面が表示された

o Outlook

メール アドレス

＠gmail.com

詳細オプション ▾

接続

| 3 | 追加するメールアドレスを入力 |
| 4 | [接続] をクリック |

Googleアカウントのログイン画面が表示された

5 追加するメールアドレスを入力

6 [次へ]をクリック

パスワードの入力画面が表示された

7 パスワードを入力

8 [ログイン]をクリック

Microsoft apps & services に以下を許可します：

M Gmail のすべてのメールの閲覧、作成、送信、完全な削除

👤 Google で公開されているお客様の個人情報とお客様を関連付ける

👤 ユーザーの個人情報の表示（ユーザーが一般公開しているすべての個人情報を含む）

👤 Google アカウントのメインのメールアドレスの参照

[許可] をクリックすると、このアプリと Google がそれぞれのプライバシー ポリシーに従ってあなたの情報を利用することを許可することになります。このアカウント権限やその他のアカウント権限はいつでも変更できます。

拒否　　　許可

アカウント情報へのアクセスを確認する画面が表示された

9 ここを下にドラッグしてスクロール

10 [許可]をクリック

GmailアカウントがOutlookに追加される

004

Q 既定のアカウントを
変更するには

A アカウント設定画面から変更できます

第1章
Outlookの基本ワザ

Outlook.comやGmailなど複数のメールアドレスを1つのOutlook画面で操作している場合、既定のアカウントによく使うメールアドレスを設定しておきましょう。メールの送信時の既定の差出人として登録されます。Webサイト上あるにメールを作成する [mailto:] リンクをクリックしたときにはこのメールアドレスが[差出人]として設定されます。

1 [ファイル] タブを
クリック

アカウント情報の画面
が表示された

2 [アカウント設定]
をクリック

3 [アカウント設定]
をクリック

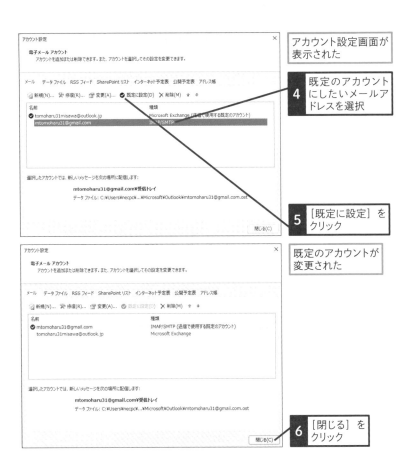

アカウント設定画面が
表示された

既定のアカウント
にしたいメールア
ドレスを選択 **4**

[既定に設定] を
クリック **5**

既定のアカウントが
変更された

[閉じる] を
クリック **6**

既定のアカウントにし
たメールアドレスが [差
出人] に設定される

005

Q Outlookの各部の名称と役割が知りたい

2021 365
お役立ち度 ★★★

A Outlookのウィンドウは複数の「ペイン」に分かれています

Outlookは1つの画面にたくさんの情報が表示されます。情報をひとまとめにした区画を意味する[ペイン]というグループで整頓されているため、どのような機能がどこにあるかを覚えておくとよいでしょう。特に[フォルダーウィンドウ][ビュー][閲覧ウィンドウ][リボン]は頻繁に利用するペインです。フォルダーウィンドウには情報の格納場所が一覧表示され、ビューには選択したフォルダーのアイテムが表示されます。また、リボンには、メールの作成や送受信など、さまざまな機能がタブごとに集約されています。

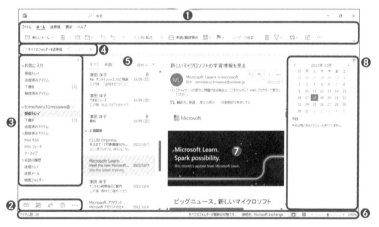

番号	名称	説明
❶	リボン	複数のタブが用意され、タブグループごとに機能がボタンとして表示される
❷	ナビゲーションバー	メールや予定表、連絡先、タスクなどOutlookの機能を切り替えられる
❸	フォルダーウィンドウ	ナビゲーションバーで選択した項目のフォルダーが一覧で表示される
❹	クイックアクセスツールバー	頻繁に使う機能のボタンが画面の左上に表示される
❺	ビュー	ビューを切り替えることで、格納されているアイテムをいろいろな方法で表示できる
❻	ステータスバー	選択したフォルダーにあるアイテムの数や受信状態が表示される
❼	閲覧ウィンドウ	選択したアイテムの内容が表示される
❽	To Doバー	予定表や連絡先、タスクなどについて、直近で必要なものが表示される

006

Q 今まで使っていた機能が見つからない！

2021 365
お役立ち度 ★★

A リボンの表示方法を変更してみましょう

Outlook 2021では「シンプルリボン」と呼ばれるリボンを折りたたむことができる機能が追加されました。シンプルリボン上には一般に利用頻度の高いアイコンのみが表示されるため、今まで使っていたアイコンが見当たらないことがあります。その場合はリボンを「クラシックリボン」表示に切り替えましょう。今までと同様のリボンが表示されます。なお、シンプルリボン状態でも「…」をクリックすると見つからなかった機能が表示されます。

●リボンの表示切り替え

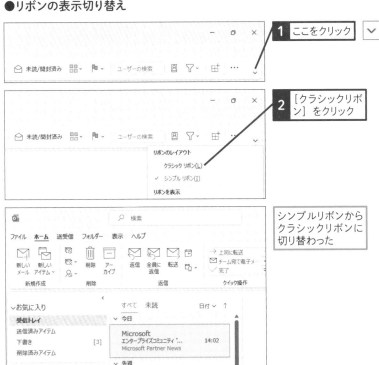

1 ここをクリック

2 [クラシックリボン] をクリック

リボンのレイアウト
クラシック リボン(L)
✓ シンプル リボン(1)
リボンを表示

シンプルリボンから
クラシックリボンに
切り替わった

007

Q 使いたい機能がどこにあるのか分からない

2021 365
お役立ち度 ★★★

A 検索ボックスに使いたい機能名を入力してみましょう

第1章

Outlookの基本ワザ

メール文章に取り消し線を引くなど、どのボタンをクリックすればよいか分からなくなった場合はリボンから機能を探すのではなく検索してみましょう。検索ボックスはメール本文や予定の情報を検索できるだけでなく、機能を検索することができるようになりました。検索されたものはカテゴリーごとに整理されています。取り消し線のような機能は [操作] カテゴリーとして表示されます。

1 ここをクリック

2 「取り消し線」と入力

キーワードに関連する機能やヘルプ項目が表示された

3 [取り消し線] をクリック

[取り消し線] の操作が実行された

田中様←

←

いつもお世話になります。 ←

先日のご連絡後に在庫の数量が変わりましたので、己

現在の在庫は以下の通りです。 ←

←

商品A：~~200個~~→180個←

商品B：150個→変更なし←

商品C：30個→10個←

008 ❓ Outlook全体の設定を 変更するには

2021 365
お役立ち度 ★★★

🅰 [ファイル] タブから [オプション] を 選択します

Outlookの全体の設定変更は [Outlookのオプション] ダイアログボックスで行います。以下の手順で操作すると [Outlookのオプション] ダイアログボックスを表示できます。

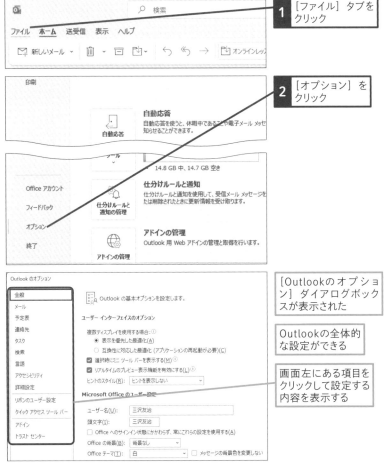

1 [ファイル] タブをクリック

2 [オプション] をクリック

[Outlookのオプション] ダイアログボックスが表示された

Outlookの全体的な設定ができる

画面左にある項目をクリックして設定する内容を表示する

009

Q よく使う機能のボタンを登録するには

お役立ち度 ★★

A クイックアクセスツールバーに登録します

第1章
Outlookの基本ワザ

[クイックアクセスツールバー] には、リボンのボタンを登録できます。ここにボタンを登録すると、リボンを切り替える手間が省け、簡単に機能を選択できます。例えば会議を設定しておけば、[メール] の画面に居ながらに会議を作成できます。このバージョンのOutlookから初期状態では [クイックアクセスツールバー] が表示されなくなりました。表示させたいときはワザ006を参考にリボンの表示切替ボタンをクリックし、[クイックアクセスツールバーを表示する] ボタンをクリックしましょう。

> ワザ008を参考に、[Outlookのオプション]
> ダイアログボックスを表示しておく

1 [クイックアクセスツールバー] をクリック

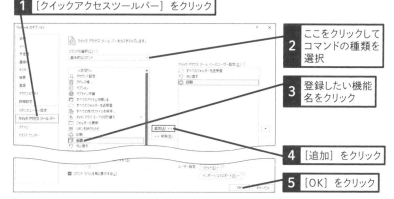

2 ここをクリックしてコマンドの種類を選択

3 登録したい機能名をクリック

4 [追加] をクリック

5 [OK] をクリック

クイックアクセスツールバーに選択した機能のボタンが追加された

010 オリジナルのタブによく使う機能のボタンを登録するには ▶ P.27

010

Q オリジナルのタブによく使う
機能のボタンを登録するには

動画で見る

2021 365
お役立ち度 ★ ★ ★

A [リボンのユーザー設定] で
新しいタブを作ります

[クイックアクセスツールバー] では数個のボタン登録が限度です。もっと多く
のボタンを登録したい場合は、リボンにオリジナルのタブを作りましょう。以下
の手順でオリジナルのタブを作成すると、表示している画面の機能にとらわれ
ずさまざまな種類のボタンを配置できます。

このタブは表示している画面に設定されます。[メール] 画面のリボンにタブを
追加したい場合は [メール] 画面からボタンの登録を実施してください。また、
タブ以外にも [ホーム] タブに新しいグループを作成し項目を追加することも可
能です。

第1章 Outlookの基本ワザ

ワザ008を参考に
[Outlookの オプ
ション] ダイアロ
グボックスを表示
しておく

1 [リボンのユーザー
設定] をクリック

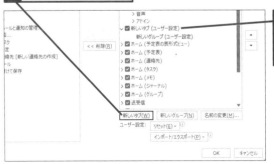

2 [新しいタブ] をクリック

[新しいタブ] に
3 チェックマークが
付いていること
を確認

関連
009 よく使う機能のボタンを登録するには ▶ P.26

次のページに続く →

できる **27**

ここをクリックして
コマンドの種類を
選択 4

5 登録したい機能名をクリック

6 [追加] をクリック

選択した機能が項目に
追加された

7 [OK] を
クリック

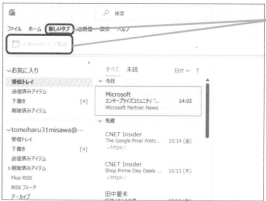

新しいタブがリボンに
追加され、登録した
機能のボタンが表示
された

第 2 章

メールの送受信と
トラブル対策

Outlookを活用するうえでメールの送受信は欠かせません。この章の内容を覚えておけばメール関連の困り事から解放されるでしょう。

011

Q メール画面の主な構成が知りたい

2021 | 365
お役立ち度 ★ ★

A フォルダーウィンドウやビューで閲覧ウィンドウに表示する内容を切り替えます

Outlookは、複数のメールアドレスを一元管理できるように画面が構成されています。左側にあるフォルダーウィンドウはメールアドレスごとにフォルダーが表示されます。お気に入り登録を使って複数メールアドレスの受信ボックスを配置すれば、多数のメールを一気に確認できます。また、GmailなどのWebメールと違い、アプリであることの利点を生かして複数のメールを同時に開けます。メールを返信ごとにまとめられる [スレッド] 機能などもメールのやり取りが多い場合には効果を発揮してくれます。

◆フォルダーウィンドウ
フォルダーの一覧が表示される

◆リボン
メールに関するさまざまな機能のボタンがタブごとに分類されている

◆閲覧ウィンドウ
選択したメールの本文が表示される

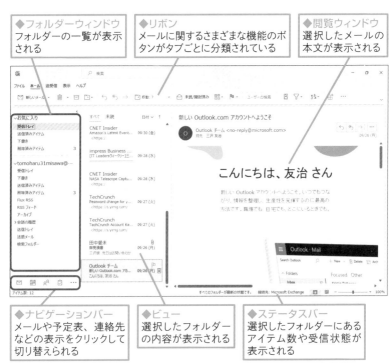

◆ナビゲーションバー
メールや予定表、連絡先などの表示をクリックして切り替えられる

◆ビュー
選択したフォルダーの内容が表示される

◆ステータスバー
選択したフォルダーにあるアイテム数や受信状態が表示される

012

2021 365
お役立ち度 ★★★

Q フォルダーウィンドウにある各フォルダーの機能って？

A アイテムが種類ごとに分類されています

Outlookは［受信トレイ］や［送信済みアイテム］など、メールの役割ごとにフォルダーが分けられ、フォルダーウィンドウに一覧で表示されます。受信したメールは［受信トレイ］に入ります。Outlookを起動すると［受信トレイ］が選択された状態になるため、画面が小さい場合はフォルダーウィンドウを折りたたんでおくとよいでしょう。なお、フォルダーの名称はOutlook.comやGmailなどで若干異なります。

●フォルダーウィンドウの主なフォルダー

フォルダー	説明
受信トレイ	受信したメールが格納される。未読件数が横に表示されるので、新規メールがあるか一目で分かる
送信済みアイテム	送信が完了したメールがこのフォルダーに移動する。送信前のメールは［送信トレイ］に移動する
下書き	送信していないメールが保管される
削除済みアイテム	メールを削除するとこのフォルダーに移動する。フォルダー内のメールは一定期間が過ぎると自動的に削除される
アーカイブ	［アーカイブ］を設定したメールが格納される。通常、間違えて消したくないメールをこのフォルダーに格納する
迷惑メール	受信時に迷惑メールとして判定されたメールが格納される。フォルダー内のメールは30日で自動削除される
検索フォルダー	検索条件を設定し、条件と一致した検索結果がこのフォルダーに表示される。特定の人から来たメールなど、繰り返し検索したいときに利用する

●フォルダーウィンドウ

◆ ［お気に入り］フォルダー
よく使うフォルダーを登録できる

第2章 メールの送受信とトラブル対策

21

013

Q フォルダーウィンドウの表示を切り替えたい

2021 365
お役立ち度 ★★

A フォルダーウィンドウの右にあるボタンをクリックします

フォルダーウィンドウは [受信トレイ] や [送信済みアイテム] など、メールアドレスに紐づくメールの格納先 (フォルダー) を一覧表示します。

●フォルダーウィンドウを最小化する

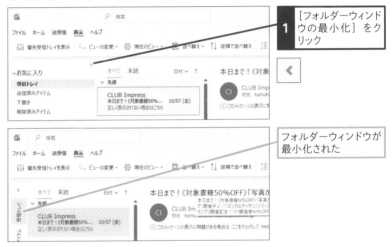

1 [フォルダーウィンドウの最小化] をクリック

フォルダーウィンドウが最小化された

●フォルダーウィンドウを表示する

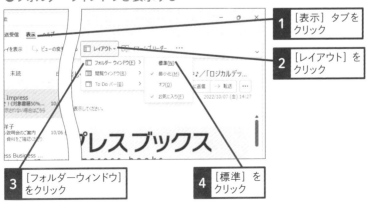

1 [表示] タブをクリック

2 [レイアウト] をクリック

3 [フォルダーウィンドウ] をクリック

4 [標準] をクリック

014

Q メールのプレビュー画面の位置を変更するには

2021 365
お役立ち度 ★★★

A [表示] タブの [レイアウト] ボタンをクリックします

メール一覧の下に表示すると [差出人] [受信日時] などの並び替え用のタイトルが表示され、タイトルや添付ファイルの有無での並び替えが行いやすくなります。また、件名の表示幅も広がるため、メールを俯瞰しやすくなります。メールのプレビュー自体をやめたいときは、[閲覧ウィンドウ] をクリックし、[オフ] を選択します。なお、閲覧ウィンドウの表示を [下] や [オフ] にした場合は、spaceキーでメール本文のページ送りはできません。

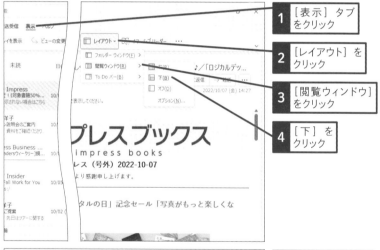

1 [表示] タブをクリック

2 [レイアウト] をクリック

3 [閲覧ウィンドウ] をクリック

4 [下] をクリック

閲覧ウィンドウが画面の下部に表示された

015

Q メールの一覧に表示される
小さなアイコンは何?

2021 365
お役立ち度 ★★

A 添付ファイルの有無や返信済みなどを示します

アイコンは複数種類がありそれぞれ意味が異なります。[添付ファイル]のアイコンであれば、ファイルを探すときの目印になり、[返信済み]のアイコンであれば、返信漏れの有無が一目で分かります。アイコンは、表示だけのものや、中には操作が可能なものも存在します。

●メール一覧の主なアイコン

アイコン	説明
𝕌	添付ファイルがあるときに表示される
↶	返信済みのメールに表示される
→	メールを転送すると表示される。返信してから転送した場合、後に操作したほうのアイコンが付く
⚑	タスクが設定されている際に付くアイコン。フラグをクリックすると完了とフラグを切り替えられる
!	重要度が[高]に設定されたメールに表示される
↓	重要度が[低]に設定されたメールに表示される
🔔	会議の依頼メールなど、期限が設けられているアイテムに表示される

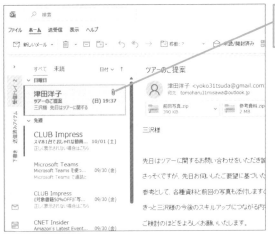

メールの内容や操作に応じたさまざまなアイコンが表示される

016

Q [優先受信トレイ]の機能を使わないようにしたい

2021 | 365
お役立ち度 ★ ★ ★

A [表示]タブの[優先受信トレイを表示]をクリックします

[優先受信トレイ]は、AIが自動的に優先度の高そうなメールを振り分けたフォルダーです。特にOutlookを使い始めたばかりのときは精度が低いため、重要度が高いメールが[その他]に振り分けられることがあります。重要なメールを見落とさないようにするため[優先受信トレイ]の機能はオフにすることもできます。オフにするとすべてのメールと未読のメールの2種類を切り替えるボタンが表示されるようになります。

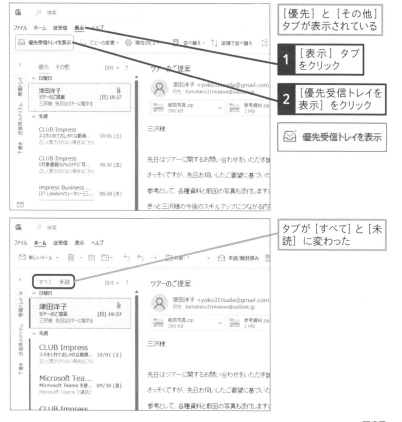

[優先]と[その他]タブが表示されている

1 [表示]タブをクリック

2 [優先受信トレイを表示]をクリック

☑ 優先受信トレイを表示

タブが[すべて]と[未読]に変わった

017

◎ メールを作成するには

2021 365
お役立ち度 ★★★

◎ [ホーム] タブの [新しいメール] をクリックします

メールは、クリックするだけで簡単に送信ができるため、あて先を間違えないように注意しましょう。あて先はアドレス帳から選択する方法以外に、直接入力することも可能です。直接入力のときは、氏名など日本語で入力すると、アドレス帳や連絡先に登録された情報から候補が表示されます。

●あて先に直接メールアドレスを入力する

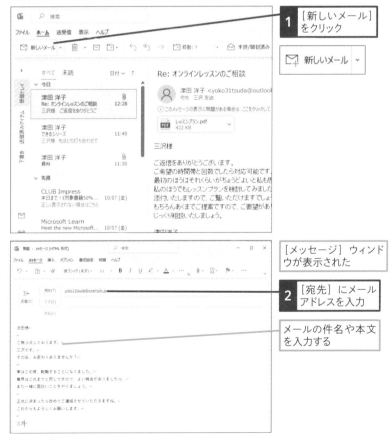

1 [新しいメール] をクリック

[メッセージ] ウィンドウが表示された

2 [宛先] にメールアドレスを入力

メールの件名や本文を入力する

第2章 メールの送受信とトラブル対策

●あて先をクリックして連絡先から選択する

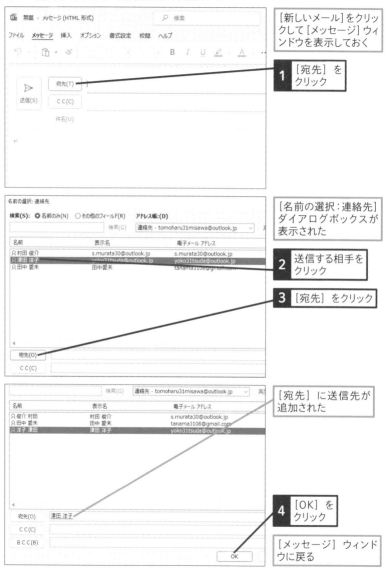

[新しいメール]をクリックして[メッセージ]ウィンドウを表示しておく

1 [宛先]をクリック

[名前の選択：連絡先]ダイアログボックスが表示された

2 送信する相手をクリック

3 [宛先]をクリック

[宛先]に送信先が追加された

4 [OK]をクリック

[メッセージ]ウィンドウに戻る

⌨ ショートカットキー
新規メールを作成
`Ctrl` + `N`

018 Q メールを送信するには

2021 365
お役立ち度 ★ ★ ★

A [メッセージ] ウィンドウで [送信] ボタンを
クリックします

メールの文面や添付ファイルはあて先以外の人には見せたくないことがほとんどです。特にビジネスメールでは機密情報のやり取りも考えられます。メールは一度送ると取り戻せません。誤送信を防ぐために、メールの送信前に [宛先] の欄を再確認する癖を付けましょう。また、メール本文にも間違えがないか確認しておくことも大切です。メール本文にはWordと同様の [スペルチェック] 機能で文書を校正できます。[校閲] タブより[スペルチェックと文書校正] をクリックしてチェックしてから送信することを心掛けましょう。

ワザ017を参考に、メールを作成しておく

1 [送信] をクリック

メールが送信される

⚡ ステップアップ

Windowsと連携する機能って?

OutlookはOSであるWindowsと同じ開発元のマイクロソフトが作成しているため、Outlookと連動することが前提となっている機能がいくつかあります。例えば設定アプリの [プライバシーとセキュリティ] - [検索アクセス許可] ではOutlook.comに保存されたデータをWindows検索の対象にすることができます。また、設定アプリの[アクセシビリティ] - [ナレーター] からは実験的な機能として、Outlookのメールを読み上げるときにタイトルや本文以外を省略させるための機能を有効化できます。今ではOSを選ばずに利用できるOutlookですが、Windows上で利用する場合はほかOSよりも進んだ機能を利用できるのです。

019 ❓ メールを返信するには

❗ [ホーム] タブの [返信] を クリックします

メールを返信するには以下の手順を行いましょう。メールの返信とはその名の通り送信されてきたメールを送信者に返す機能です。通常は [差出人] のみに返信します。[宛先]に入力されたアドレスや名前が正しいことを確認してから[送信] ボタンをクリックするようにしてください。なおメール作成画面は右側に出てきますが、[ポップアウト] をクリックすると別画面にすることもできます。返信を行うと、そのメールは受信メールと合わせて一連の流れとなる「同一スレッドのメール」 として扱われます。そのため、受信したメールに対する返事は新規にメールを作るのではなく、返信を利用しましょう。

[受信トレイ] を表示してメールをクリックしておく

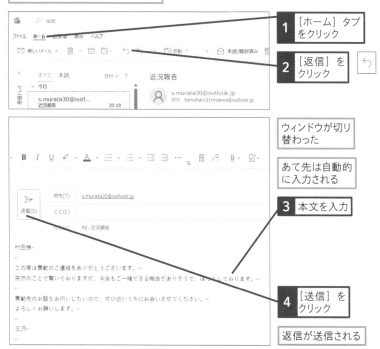

1 [ホーム] タブをクリック

2 [返信] をクリック

ウィンドウが切り替わった

あて先は自動的に入力される

3 本文を入力

4 [送信] をクリック

返信が送信される

020

Q 複数の人にメールを送りたい

2021 365
お役立ち度 ★ ★

A セミコロンでメールアドレスを区切ります

あて先入力のときにセミコロン (;) で区切ると複数のメールアドレスがあると認識されます。しかし、セミコロンを入れ忘れることは多いので、1つメールアドレスを入力したら Ctrl + K キーを押して、確定させるようにしましょう。確定するとアドレスに下線が引かれます。そのまま2人目を入力すればセミコロンの入力は不要です。

●直接アドレスを入力する

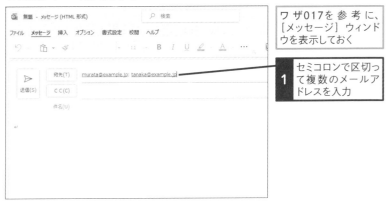

ワ ザ017を参 考 に、[メッセージ] ウィンドウを表示しておく

1 セミコロンで区切って複数のメールアドレスを入力

●連絡先から選択する

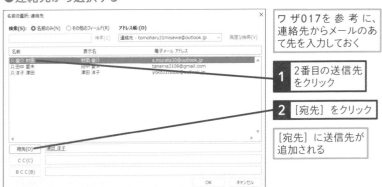

ワ ザ017を参 考 に、連絡先からメールのあて先を入力しておく

1 2番目の送信先をクリック

2 [宛先] をクリック

[宛先] に送信先が追加される

021

Q 同じメールがほかの人にも届くようにするには

2021 365
お役立ち度 ★ ★ ★

A [CC] に送信先のアドレスを入力します

メールは手紙と異なり、同じ内容を複数の人に送れる機能があります。[CC] は「カーボンコピー」の略で、手紙を書く際にカーボン紙を使ってメールをコピーしたことが名前の由来です。この欄にメールアドレスを入力しておくとあて先と同じメール内容が送付されます。この欄には「主体的に見てもらう必要はないけれど念のため送っておきたい人」を入力するようにしましょう。[CC] として送付されたメールは優先度が低く設定されるため、相手によっては見る必要がないメールとして受け取る可能性があります。[宛先] にもメールアドレスを複数設定できるため、この機能を利用するときは [宛先] とうまく使い分けましょう。

● [CC] に直接アドレスを入力する

ワザ017を参考に、[メッセージ] ウィンドウを表示しておく

1 [CC] にアドレスを入力

● 連絡先からアドレスを選択する

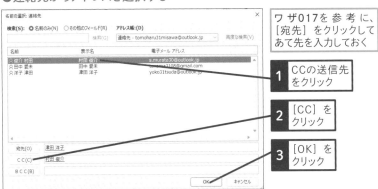

ワ ザ017を 参 考 に、[宛先] をクリックしてあて先を入力しておく

1 CCの送信先をクリック

2 [CC] をクリック

3 [OK] をクリック

022

2021 365
お役立ち度 ★ ★ ★

A [オプション] タブの [BCC] を
クリックします

[宛先] や [CC] を使ってメールを送信すると、送信先の全員に誰にこのメールを送ったか分かるようになっています。ほかの人にメールを送ったことが分からないようにする必要があるときは [BCC] にメールアドレスを設定しましょう。この欄に入力したアドレスは送信先の人には表示されないため、送信したことを秘匿にできます。ただし、受信した側では [BCC] で送られたことを意識しないことが多く、返信されてしまうことがあります。送ったと思っていなかった人から返信が来るなどの事故にもつながるため、利用の際は慎重に設定しましょう。

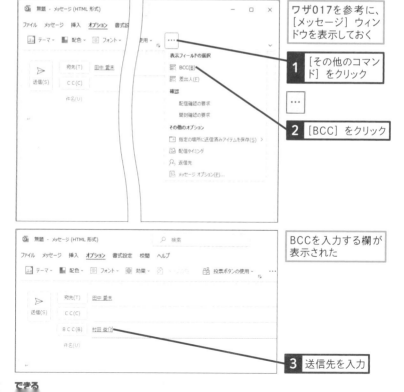

ワザ017を参考に、
[メッセージ] ウィンドウを表示しておく

1 [その他のコマンド] をクリック

2 [BCC] をクリック

BCCを入力する欄が表示された

3 送信先を入力

第2章 メールの送受信とトラブル対策

023

Q 受信したメールをほかの人に転送したい

2021 365
お役立ち度 ★★

A [ホーム] タブの [転送] を
クリックします

[転送] は受信したメールの内容をそのまま共有したいときに利用します。本文には受信したときのあて先やメールタイトルと共に元の本文が記載されているため、転送された側ではどういったやり取りがされていたのか内容を見ることができます。

[受信トレイ] を表示してメールを
クリックしておく

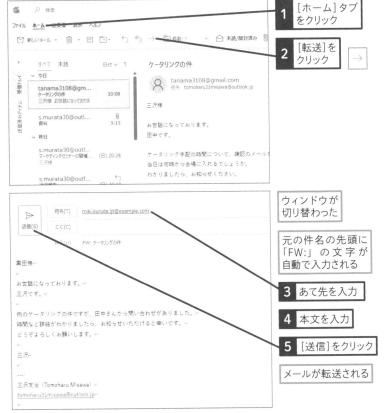

1 [ホーム]タブ
をクリック

2 [転送]を
クリック

ウィンドウが
切り替わった

元の件名の先頭に
「FW:」の文字が
自動で入力される

3 あて先を入力

4 本文を入力

5 [送信]をクリック

メールが転送される

024

Q メールを下書きに
保存するには

2021 365
お役立ち度 ★ ★

**A メールを作成してから [閉じる] を
クリックします**

メールを作成中に別の作業をしたいときは、メールを下書きに保存しておきましょう。メールを保存すると [下書き] フォルダーに保存され、メールを開いて [送信] ボタンをクリックするまでは送信されません。[下書き] フォルダーに入ったメールは、フォルダーウィンドウの右側に下書きメールの総数が表示されます。下書きを再開する案内は行われないため、送付漏れを防ぐためにも、ときどき下書きがないかチェックしておきましょう。

第2章 メールの送受信とトラブル対策

ワザ017を参考に、メールを作成しておく

1 [閉じる] をクリック

Microsoft Outlook

変更を保存しますか?

[はい(Y)] [いいえ(N)] [キャンセル]

変更を保存するかどうか確認する画面が表示された

2 [はい] をクリック

メールが下書きに保存される

関連
025 下書き保存したメールを送信したい ▶ P.45

関連
027 メールを間違えて削除してしまった ▶ P.48

関連
028 読んだメールを未開封にしたい ▶ P.49

025

Q 下書き保存したメールを
送信したい

2021 365
お役立ち度 ★★

A [下書き] フォルダーからメールを
表示して送信します

下書き保存したメールは最終的にメールを完成させて送信することが必要です。下書きメールは忘れやすいので気が付いたときに送信するように心掛けておくとよいでしょう。

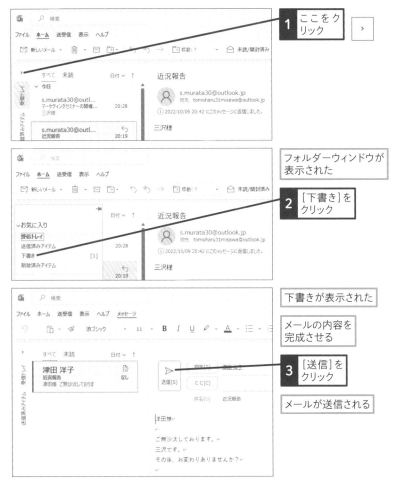

1 ここをクリック

フォルダーウィンドウが表示された

2 [下書き]をクリック

下書きが表示された

メールの内容を完成させる

3 [送信]をクリック

メールが送信される

026

Q メールを削除したい

A ［削除］か［項目を削除］をクリックします

プロバイダーメールの場合はパソコンに、GmailやOutlook.com、Exchange Onlineの場合はクラウド上にデータが保存されます。多くのメールサービスは、数GBのメールボックス容量が提供されています。大きな容量とはいえ、画像やファイルのやり取りですぐに容量不足になることがあります。容量がメールボックスサイズを超えると送受信ができなくなるので、そうなる前に不要なメールは削除しておきましょう。メールは削除後も一定期間残るため、誤って削除しても回復可能です。

●リボンから削除する

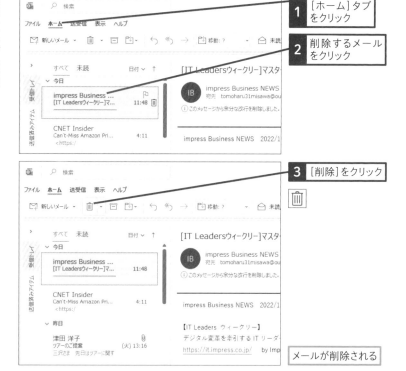

●ビューから削除する

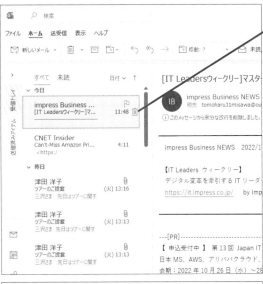

削除するメールの
1 [項目を削除] を
クリック

メールが削除された

027

Q メールを間違えて削除してしまった

2021 365
お役立ち度 ★★★

A 受信トレイに移動して復元します

[削除済みアイテム] フォルダーのメールは一般的に30日ほどで、自動的に削除されます。メールサービスによって復元が可能な期間が異なるので、気が付いた時点で早めに対処しましょう。なお、GmailなどIMAP形式のメールでは [削除済みアイテム] フォルダーは [ゴミ箱] という名前で表示されます。

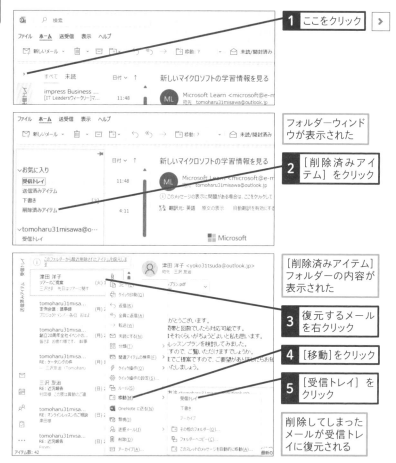

1 ここをクリック

フォルダーウィンドウが表示された

2 [削除済みアイテム] をクリック

[削除済みアイテム] フォルダーの内容が表示された

3 復元するメールを右クリック

4 [移動] をクリック

5 [受信トレイ] をクリック

削除してしまったメールが受信トレイに復元される

第2章　メールの送受信とトラブル対策

48　できる

028

Q 読んだメールを未開封にしたい

2021 365
お役立ち度 ★ ★

A [ホーム] タブの [未読/開封済み] を クリックします

メールを誤って [開封済み] にした場合や、内容を確認したものの、後でまた読むために未開封にしたいメールがあったらこのボタンをクリックしましょう。ビューの左端にある青色のバー部分をクリックしても切り替えられます。

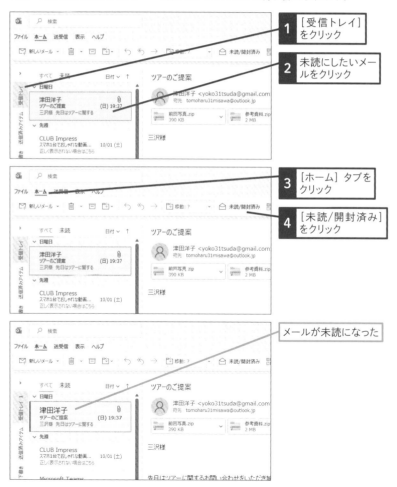

1 [受信トレイ] をクリック

2 未読にしたいメールをクリック

3 [ホーム] タブをクリック

4 [未読/開封済み] をクリック

メールが未読になった

029

Q 新しいフォルダーを作成するには

動画で見る

2021 365
お役立ち度 ★★★

A [フォルダーの作成] をクリックします

名前を付けたフォルダーを用意しメールを格納することで、フォルダー内のメールがどういった内容なのか意味付けすることができます。フォルダーは、プロジェクトや送信者の部署などで分けておくとよいでしょう。なお、[受信トレイ] や [アーカイブ] フォルダーなど、最初から用意されているフォルダーは名前の変更が行えません。

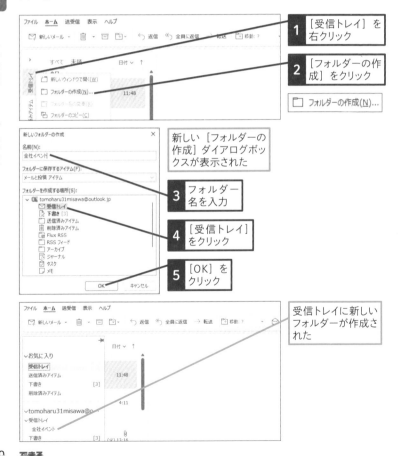

1 [受信トレイ] を右クリック

2 [フォルダーの作成] をクリック

□ フォルダーの作成(N)...

新しい [フォルダーの作成] ダイアログボックスが表示された

3 フォルダー名を入力

4 [受信トレイ] をクリック

5 [OK] をクリック

受信トレイに新しいフォルダーが作成された

第2章 メールの送受信とトラブル対策

030

Q メールをフォルダーに移動するには

`2021` `365`
お役立ち度 ★ ★ ★

A ドラッグして別のフォルダーに移動します

フォルダーを作成したらメールを移動させましょう。フォルダーを作るときは差出人といったメールの属性ではなく、プロジェクトや差出人の部門など、メール本文や差出人自身の属性といった機械的に振り分けられない内容ごとに作成すると、検索性が向上します。

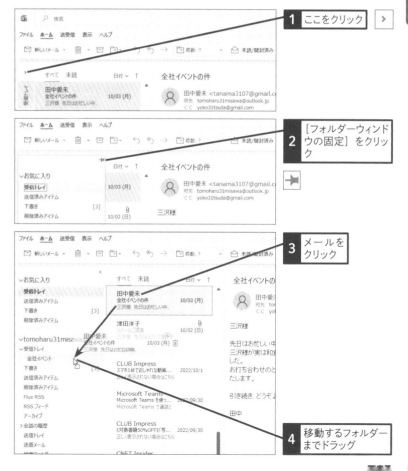

1 ここをクリック

2 [フォルダーウィンドウの固定] をクリック

3 メールをクリック

4 移動するフォルダーまでドラッグ

031 ❓ 署名を作成するには

Ⓐ [署名とひな形] ダイアログボックスから
作成します

「署名」とは自身の情報を簡潔に記入した文章です。通常、氏名や所属部署、オフィスの所在地、電話番号などを記入します。メールの末尾に自動入力されるため、本文とは違うものだと分かるよう区切りの記号を入れましょう。

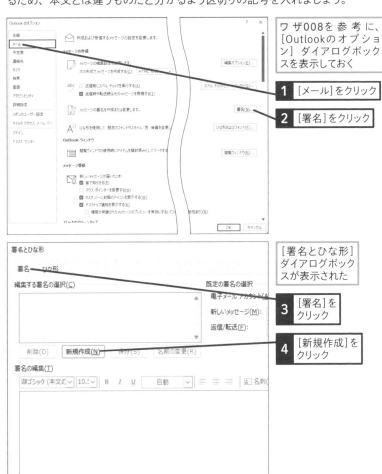

ワザ008を参考に、[Outlookのオプション] ダイアログボックスを表示しておく

1 [メール]をクリック

2 [署名]をクリック

[署名とひな形] ダイアログボックスが表示された

3 [署名]をクリック

4 [新規作成]をクリック

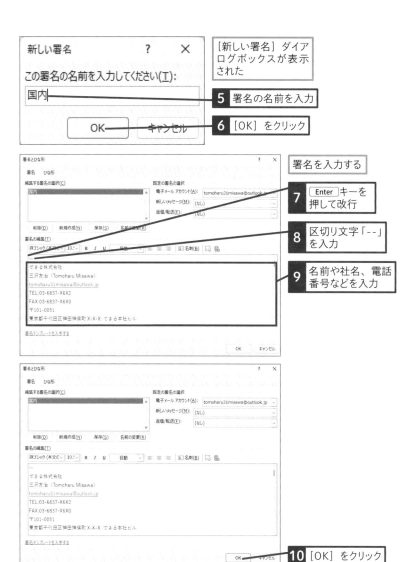

新しい署名 ? ×

この署名の名前を入力してください(T):

国内

[新しい署名] ダイアログボックスが表示された

OK　　キャンセル

5 署名の名前を入力

6 [OK] をクリック

署名とひな形 ? ×

署名　ひな形

編集する署名の選択(C)

国内

既定の署名の選択

電子メール アカウント(A): tomoharu31misawa@outlook.jp

新しいメッセージ(M): (なし)

返信/転送(F): (なし)

削除(D)　新規作成(N)　保存(S)　名前の変更(B)

署名の編集(T)

游ゴシック (本文の 10.5 B I U　自動 ≡ ≡ ≡ 名刺(B)

できる株式会社
三沢友治 (Tomoharu Misawa)
tomoharu31misawa@outlook.jp
TEL:03-6837-X6X2
FAX:03-6837-X6X0
〒101-0051
東京都千代田区神田神保町 X-X-X できる本社ビル

署名テンプレートを入手する

OK　キャンセル

署名を入力する

7 Enter キーを押して改行

8 区切り文字「--」を入力

9 名前や社名、電話番号などを入力

署名とひな形 ? ×

署名　ひな形

編集する署名の選択(C)

国内

既定の署名の選択

電子メール アカウント(A): tomoharu31misawa@outlook.jp

新しいメッセージ(M): (なし)

返信/転送(F): (なし)

削除(D)　新規作成(N)　保存(S)　名前の変更(B)

署名の編集(T)

游ゴシック (本文の 10.5 B I U　自動 ≡ ≡ ≡ 名刺(B)

--
できる株式会社
三沢友治 (Tomoharu Misawa)
tomoharu31misawa@outlook.jp
TEL:03-6837-X6X2
FAX:03-6837-X6X0
〒101-0051
東京都千代田区神田神保町 X-X-X できる本社ビル

署名テンプレートを入手する

OK　キャンセル

10 [OK] をクリック

11 [Outlookのオプション] ダイアログボックスで [OK] をクリック

新しいメールを作成したときに署名が入るようになる

関連
033 自動的に入力される署名を変更したい ▶ P.56

032

Q 複数の署名を使い分けたい

2021 365
お役立ち度 ★★★

A [メッセージ] ウィンドウで署名を選択できます

海外向けと国内向けの署名を使い分けたいこともあるでしょう。Outlookでは複数の署名を用意できます。比較的近しい間柄の方とのメールが中心の場合、Twitterや、Facebookのアカウントなどを付けた署名を設定し、会社などで利用するときは代表電話や住所を記載した署名を設定しておくとよいでしょう。

ワザ031を参考に、追加の署名を新規作成しておく

ここでは「海外」という名前の署名を追加する

●右クリックを使用する方法

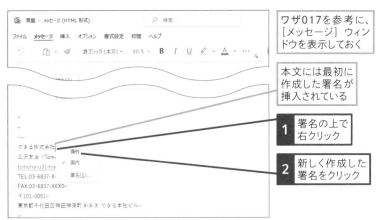

ワザ017を参考に、[メッセージ] ウィンドウを表示しておく

本文には最初に作成した署名が挿入されている

1 署名の上で右クリック

2 新しく作成した署名をクリック

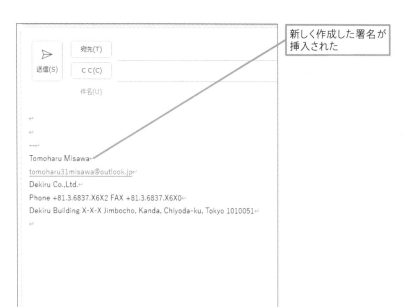

新しく作成した署名が挿入された

Tomoharu Misawa↵
tomoharu31misawa@outlook.jp↵
Dekiru Co.,Ltd.↵
Phone +81.3.6837.X6X2 FAX +81.3.6837.X6X0↵
Dekiru Building X-X-X Jimbocho, Kanda, Chiyoda-ku, Tokyo 1010051↵
↵

●メニューから指定する方法

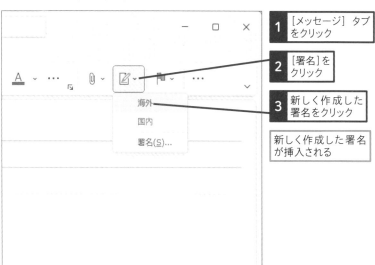

1 [メッセージ] タブをクリック

2 [署名]をクリック

3 新しく作成した署名をクリック

新しく作成した署名が挿入される

海外
国内
署名(S)...

033 Q 自動的に入力される署名を変更したい

2021 365
お役立ち度 ★★★

A [新しいメッセージ] の既定の署名を変更します

この操作で一番よく使う署名を設定しておくと、署名を選択する手間を減らせて便利です。自動入力される署名はメールアカウントごとに指定できます。

ワザ031を参考に、[署名とひな形] ダイアログボックスを表示しておく

1 [新しいメッセージ] のここをクリック

2 署名の名前をクリック

新しいメッセージに挿入される署名が変更された

3 [OK] をクリック

関連 032 複数の署名を使い分けたい ▶ P.54

034

Q メールに資料を添付したい

2021 365
お役立ち度 ★★★

A [メッセージ] タブの [ファイルの添付] ボタンをクリックします

メールの文章だけでは内容を伝えきれないときはメールにファイルを添付しましょう。WordやExcelの資料以外にも画像や圧縮ファイルなどを添付できます。

ワザ017を参考に、メールを作成しておく

ここではあらかじめ [ドキュメント] フォルダーに保存しておいた文書を添付する

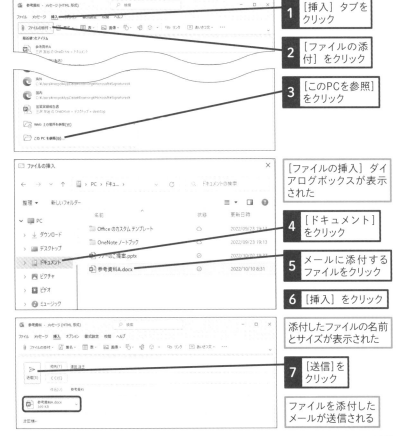

1 [挿入] タブをクリック

2 [ファイルの添付] をクリック

3 [このPCを参照] をクリック

[ファイルの挿入] ダイアログボックスが表示された

4 [ドキュメント] をクリック

5 メールに添付するファイルをクリック

6 [挿入] をクリック

添付したファイルの名前とサイズが表示された

7 [送信] をクリック

ファイルを添付したメールが送信される

できる 57

035

Q 添付ファイルを保存したい

2021 365
お役立ち度 ★★★

A 添付ファイルのメニューで
[名前を付けて保存] をクリックします

メールに添付されている状態ではファイルを編集できませんが、パソコンに保存
しておけば自由に操作や編集ができます。保存時は、ファイルを保存した場所
を忘れないようにしましょう。また、保存場所を指定するときに、[添付ファイ
ルの保存] ダイアログボックスで [新しいフォルダーの作成] ボタンをクリック
すると、フォルダーを作れます。フォルダーを使って分かりやすいように整理し
ておきましょう。

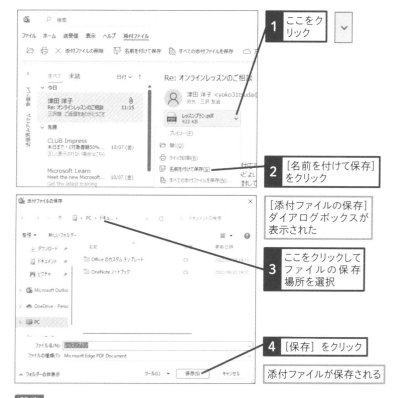

1 ここをクリック

2 [名前を付けて保存]
をクリック

[添付ファイルの保存]
ダイアログボックスが
表示された

3 ここをクリックして
ファイルの保存
場所を選択

4 [保存] をクリック

添付ファイルが保存される

関連
034 メールに資料を添付したい　　　　　▶ P.57

036

Q クラウドに保存してある
ファイルを添付するには

2021 365
お役立ち度 ★ ★

A [Web上の場所を参照]をクリックして
添付ファイルを指定します

OneDriveなど、登録済みのクラウドサービスのサイトからファイルを直接メールにダウンロードできます。

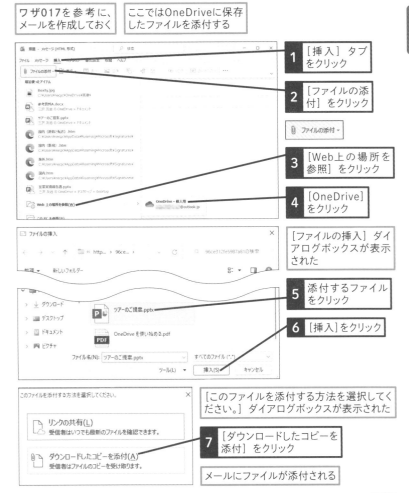

ワザ017を参考に、メールを作成しておく	ここではOneDriveに保存したファイルを添付する

1 [挿入]タブをクリック

2 [ファイルの添付]をクリック

3 [Web上の場所を参照]をクリック

4 [OneDrive]をクリック

[ファイルの挿入]ダイアログボックスが表示された

5 添付するファイルをクリック

6 [挿入]をクリック

[このファイルを添付する方法を選択してください。]ダイアログボックスが表示された

7 [ダウンロードしたコピーを添付]をクリック

メールにファイルが添付される

037

Q 添付や保存を行うクラウドサービスを増やしたい

2021 365
お役立ち度 ★★

A Outlookへクラウドサービスの登録を行いましょう

Outlookではメールから OneDrive に直接ファイルを保存すると、Microsoft 365のメールアカウントに紐づいたアカウントであれば簡単に連携できますが、実はメールアカウントと関連しないクラウドサービスも連携することができます。対応するクラウドサービスは OneDrive for Business と OneDrive、SharePoint サイトとなっており、以下の手順で追加可能です。

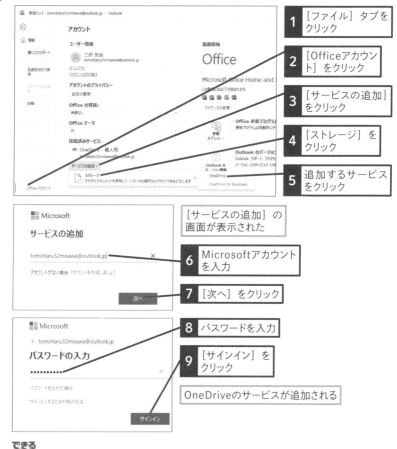

1 [ファイル] タブをクリック

2 [Officeアカウント] をクリック

3 [サービスの追加] をクリック

4 [ストレージ] をクリック

5 追加するサービスをクリック

[サービスの追加] の画面が表示された

6 Microsoftアカウントを入力

7 [次へ] をクリック

8 パスワードを入力

9 [サインイン] をクリック

OneDriveのサービスが追加される

第2章 メールの送受信とトラブル対策

60 できる

038 Q 文字にリンクを設定するには

2021 365
お役立ち度 ★ ★ ★

A [挿入] タブの [リンク] ボタンを
クリックします

リンクを設定したい文章を書いてから [リンク] をクリックすると、文字列に
Webページへのリンクを作れます。リンクを設定する文章を短くすると、URLの
表示に比べて文章量が抑えられます。ただし「野球」と書いた文字列にサッカー
関連のWebページのURLを付けるなど、一見してリンク先が分からない設定は
やめ、できるだけリンク先のWebページが分かる文字列にしましょう。文章と
WebページのURLを後で変更したい場合は、リンクされた文章を選択して右ク
リックすると表示される[ハイパーリンクの編集] を使いましょう。上部にある[表
示文字列] と下部にある [アドレス] にそれぞれ変更後の値を入力します。

Webブラウザーにリンク
先のページを開いておく

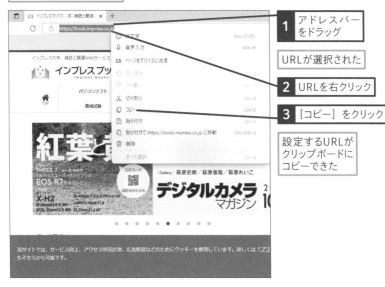

1 アドレスバー
をドラッグ

URLが選択された

2 URLを右クリック

3 [コピー] をクリック

設定するURLが
クリップボードに
コピーできた

次のページに続く ➡

ワザ017を参考に、メールを作成しておく

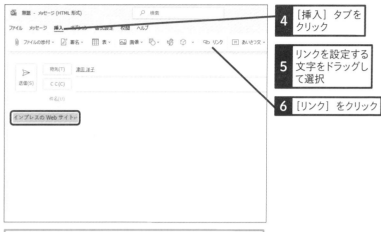

4 [挿入] タブをクリック

5 リンクを設定する文字をドラッグして選択

6 [リンク] をクリック

[ハイパーリンクの挿入] ダイアログボックスが表示された

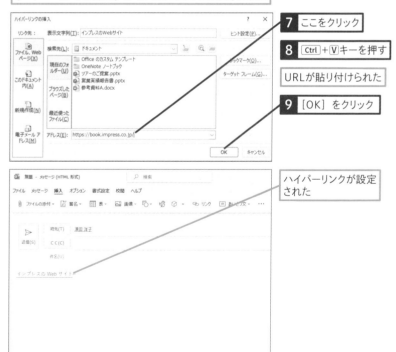

7 ここをクリック

8 Ctrl + V キーを押す

URLが貼り付けられた

9 [OK] をクリック

ハイパーリンクが設定された

039

Q メールをPDFに変換するには

2021 365
お役立ち度 ★★

A [プリンター] を [Microsoft Print to PDF] にして印刷します

PDFはどのパソコンで開いても同じ表示になるように設計されたファイル形式です。同じ見た目を相手と共有できるため、紙への印刷前の確認などに利用されます。WordやExcelではファイルを保存するときにPDFを選択できますが、Outlookでは選択できません。メールの内容を共有したいときは印刷を行いPDFに変換して渡しましょう。

PDFに変換するメールを選択しておく

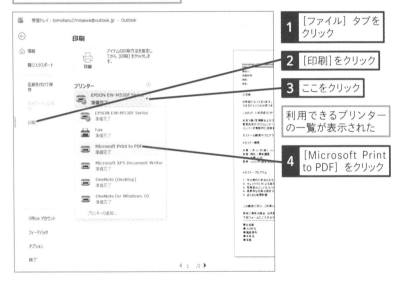

1 [ファイル] タブをクリック

2 [印刷]をクリック

3 ここをクリック

利用できるプリンターの一覧が表示された

4 [Microsoft Print to PDF] をクリック

次のページに続く➡

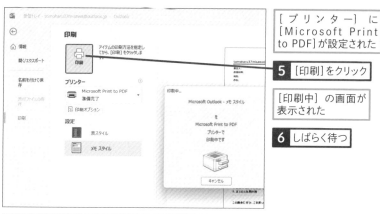

[プリンター] に [Microsoft Print to PDF]が設定された

5 [印刷]をクリック

[印刷中]の画面が表示された

6 しばらく待つ

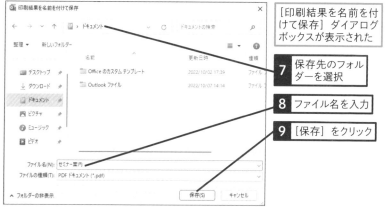

[印刷結果を名前を付けて保存] ダイアログボックスが表示された

7 保存先のフォルダーを選択

8 ファイル名を入力

9 [保存]をクリック

| 関連 091 | 予定表を印刷するには | ▶ P.133 |

🔼 ステップアップ

Outlookとセキュリティ機能の連動

Outlookでは、セキュリティを意識したメールの送受信を行うための機能が豊富に用意されています。[Windowsセキュリティ] などのウイルススキャンソフトが動作していない場合の警告表示や、HTML形式のメールが自動的にメール送信やデータ送信を行わないようにするなど、ユーザーが意図した操作以外を行わないようにする機能が提供されています。

第2章 メールの送受信とトラブル対策

040 Q 特定のアドレスを迷惑メールに設定するには

2021 365
お役立ち度 ★★★

A 受信拒否リストにメールアドレスを追加します

迷惑メールと分かっているメールアドレスは強制的に迷惑メールに振り分けましょう。メールアドレスの「@」以降のメールドメインを指定すればドメイン単位でも迷惑メールに振り分けられます。

●メールの差出人を受信拒否リストに追加する

迷惑メールに設定するメールを選択しておく

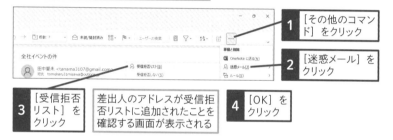

1 [その他のコマンド] をクリック

2 [迷惑メール] をクリック

3 [受信拒否リスト] をクリック

差出人のアドレスが受信拒否リストに追加されたことを確認する画面が表示される

4 [OK] をクリック

●メールアドレスを直接指定する

ワザ007を参考に検索ボックスに「迷惑メール」と入力し、表示された操作の [迷惑メールのオプション] を選択してダイアログボックスを表示しておく

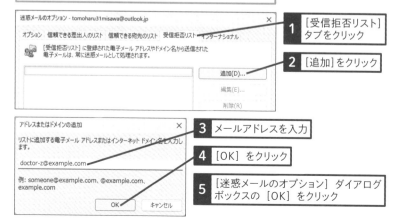

1 [受信拒否リスト] タブをクリック

2 [追加] をクリック

3 メールアドレスを入力

4 [OK] をクリック

5 [迷惑メールのオプション] ダイアログボックスの [OK] をクリック

041

Q 受け取りたいメールが
迷惑メールに振り分けられた！

A 迷惑メールではないメールとして
マークします

迷惑メールの振り分けは、アドレス指定を行わない限り自動的に行われます。
この振り分けで誤検知が発生した場合、メールアドレスを指定して振り分けさ
れないように設定しておきましょう。

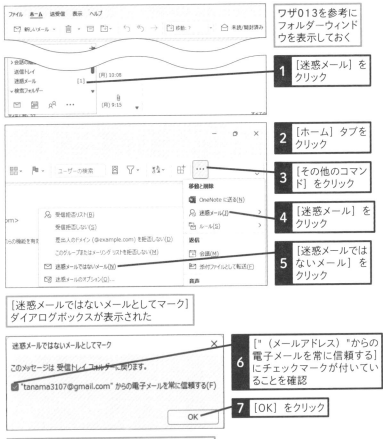

ワザ013を参考に
フォルダーウィンドウを表示しておく

1 [迷惑メール] を
クリック

2 [ホーム] タブを
クリック

3 [その他のコマンド] をクリック

4 [迷惑メール] を
クリック

5 [迷惑メールではないメール] を
クリック

[迷惑メールではないメールとしてマーク]
ダイアログボックスが表示された

6 ["（メールアドレス）"からの
電子メールを常に信頼する]
にチェックマークが付いていることを確認

7 [OK] をクリック

メールが受信トレイに移動され、同じ送信元
からのメールが信頼されるようになる

第3章

メールの検索と作業がはかどる時短ワザ

メールの量が増えるとともに、過去メールを探す時間が増えていませんか? メールの整理と検索を覚えておけばそんな問題が一気に解消されます。この章で時短ワザを覚えていきましょう。

042

Q 読んでいないメールがどれ
だけあるか把握するには

2021 365
お役立ち度 ★★

A [未読] タブやフォルダーウィンドウで
確認します

フォルダーごとに未読メールの件数が表示されます。この件数は都度計算し
ているわけではなく、未読がなくても1件と表示されることがあります。これは
Outlookに作成されたキャッシュ情報とメールサービスの間で情報にずれが発
生しているためです。その場合はフォルダーウィンドウでフォルダーを右クリック
し、メニューの [プロパティ] から [オフラインアイテムをクリア] ボタンをクリッ
クしてOutlookを再起動してください。メールをパソコンにダウンロードし直すた
め、ずれが解消されます。

● [未読] タブで確認する

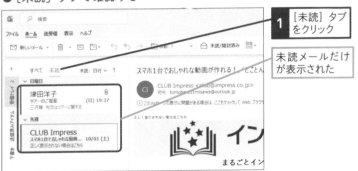

1 [未読] タブ
をクリック

未読メールだけ
が表示された

●フォルダーウィンドウで確認する

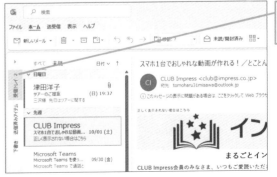

フォルダーに未読
メール件数 が表
示されている

043

Q メールの並び順を
差出人ごとにしたい

2021 365
お役立ち度 ★★

A ビューの右上のメニューで［差出人］を
選択します

アルファベット順に差出人が並びます。差出人が分かっているメールを探すとき
はこの方法を利用すると便利です。

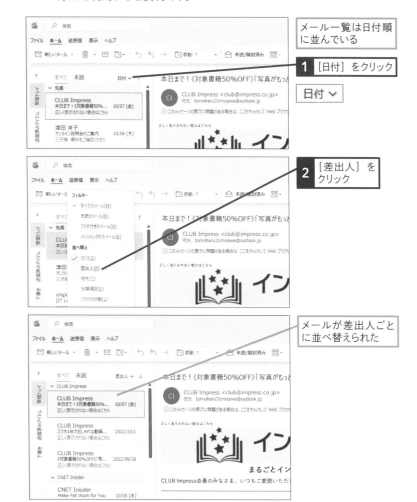

メール一覧は日付順
に並んでいる

1 ［日付］をクリック

日付 ∨

2 ［差出人］を
クリック

メールが差出人ごと
に並べ替えられた

044

Q メール一覧の表示内容を
変更したい

2021 365
お役立ち度 ★★★

A [表示] タブの [ビューの設定] で
変更します

[ビューの詳細設定] を使うと、表示内容の並びを細かくカスタマイズできます。
最大4つの項目で並び替えを行い、グループ化も4階層で行えます。そのため、
日付順、添付ファイルの有無順に並べ替え、あて先や件名ごとにグループ化す
るといった表示を行う場合に利用します。表示順序の変更だけでなく、項目の
表示幅の変更や表示したくないあて先を除外することもできます。簡単に並び順
を変えるだけならばビューの右上にある [日付] ボタンをクリックすることで行え
ますが、自分が使いやすいように整理したいときはこの機能を利用しましょう。

ここでは差出人ごとにメール
一覧を並べ替える

1 [表示] タブ
をクリック

2 [現在のビュー] を
クリック

3 [ビューの設定]
をクリック

[ビューの詳細設定]
ダイアログボックス
が表示された

4 [並べ替え] を
クリック

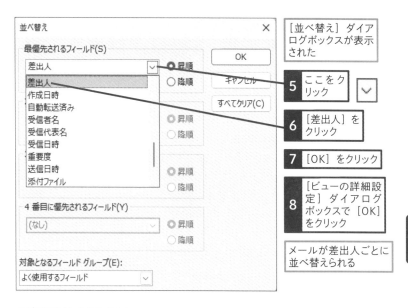

並べ替え		×
最優先されるフィールド(S)		OK

差出人
　差出人
　作成日時
　自動転送済み
　受信者名
　受信代表名
　受信日時
　重要度
　送信日時
　添付ファイル

○ 昇順
○ 降順

○ 昇順
○ 降順

○ 昇順
○ 降順

4 番目に優先されるフィールド(Y)

(なし)　　　　　　　　　　　○ 昇順
　　　　　　　　　　　　　　○ 降順

対象となるフィールド グループ(E):

よく使用するフィールド

[並べ替え] ダイアログボックスが表示された

5 ここをクリック

6 [差出人]をクリック

7 [OK]をクリック

8 [ビューの詳細設定] ダイアログボックスで [OK] をクリック

メールが差出人ごとに並べ替えられる

●表示方法を元に戻す

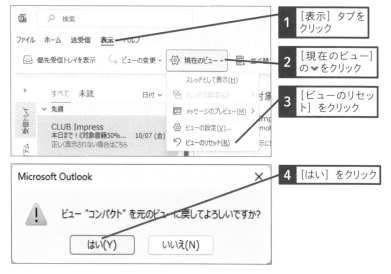

1 [表示] タブをクリック

2 [現在のビュー] の ∨ をクリック

スレッドとして表示(H)
スレッドの設定(C)
メッセージのプレビュー(M)
ビューの設定(V)...
ビューのリセット(R)

3 [ビューのリセット] をクリック

Microsoft Outlook

ビュー "コンパクト" を元のビューに戻してよろしいですか?

はい(Y)　　いいえ(N)

4 [はい] をクリック

関連 **046** メールを検索するには ▶ P.74

できる 71

045

Q メールのやり取りを
まとめて表示したい

2021 365
お役立ち度 ★★★

A [表示] タブの [スレッドとして表示] を
クリックします

メールは、通常日付順に整理されて表示されます。しかし、メールのやり取り
の期間が空いてくると、間に関連のないメールが差し込まれて、参照したいメー
ルが見つけにくくなります。このときに [スレッド] 機能を使うと、返信や転送し
たメールをまとめてくれるので便利です。また、[スレッド] を有効にするとビュー
の左側に三角印▶が付き、それを開くことでまとまったメールを一覧で見られ
ます。会話のようなやり取りが続いている場合は、[スレッド] 表示にしておく
と流れが一目で見られます。

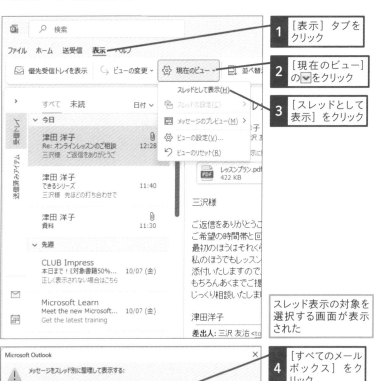

1 [表示] タブを
クリック

2 [現在のビュー]
の▼をクリック

3 [スレッドとして
表示] をクリック

スレッド表示の対象を
選択する画面が表示
された

4 [すべてのメール
ボックス] をク
リック

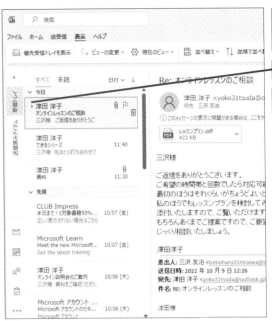

ビューのメールが
スレッド表示に変
わった

5 ここをクリック

メールのやり取りがまと
めて表示された

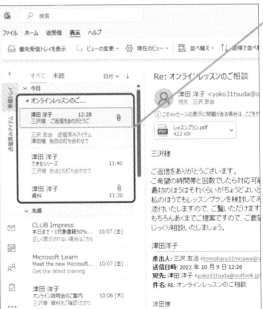

046 ⓠ メールを検索するには

2021 365
お役立ち度 ★★

Ⓐ 検索ボックスにキーワードを入力します

[受信トレイ] を選択しているときに検索を行うとメールボックス全体が、[削除済みアイテム] や [下書き] などフォルダーを選択している場合は、選択したフォルダーが検索対象となります。検索するときはフォルダーを選択してからキーワードを入力すると、検索結果が見つけやすくなります。さらに、検索ボックスの右側にある☑をクリックすると高度な検索を行えます。

1 検索ボックスをクリック

2 検索するキーワードを入力

3 Enter キーを押す

検索したキーワードを含むメールが表示された

検索した文字はハイライト表示される

047 Q 探したメールをいつでも見られるようにしたい

動画で見る

2021 365
お役立ち度 ★★★

A 検索フォルダーを作成します

[検索フォルダー] とは、検索結果を表示する場所です。このフォルダーにアクセスすると、事前に入力した検索条件に一致したメールが表示されます。例えば同じ人とのやり取りを日々確認する場合、検索条件を毎回設定するのは大変です。そんなときは [検索フォルダー] を使うと、フォルダーを選択するだけで、参照したいメールを確認できます。フォルダーの名前などは自動的に決まるため、名前を変更したいときは作成した [検索フォルダー] を右クリックし、[フォルダー名の変更] より変更してください。

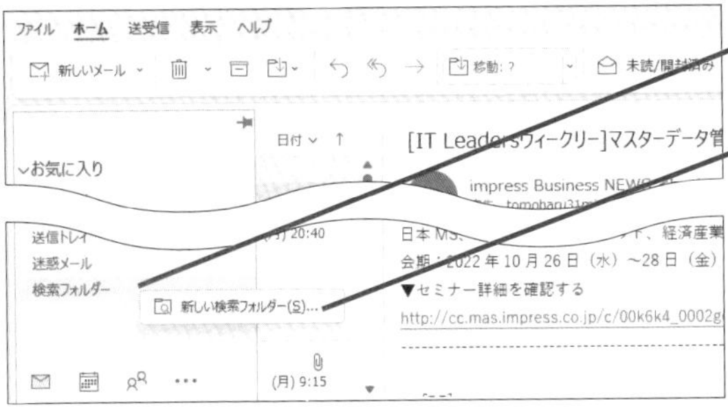

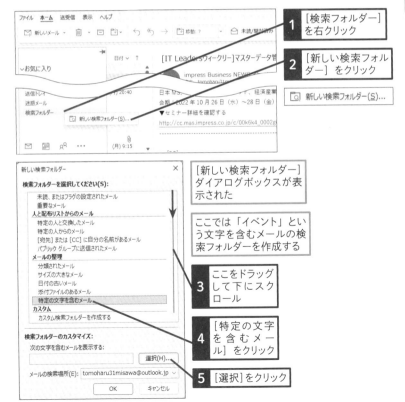

1 [検索フォルダー] を右クリック

2 [新しい検索フォルダー] をクリック

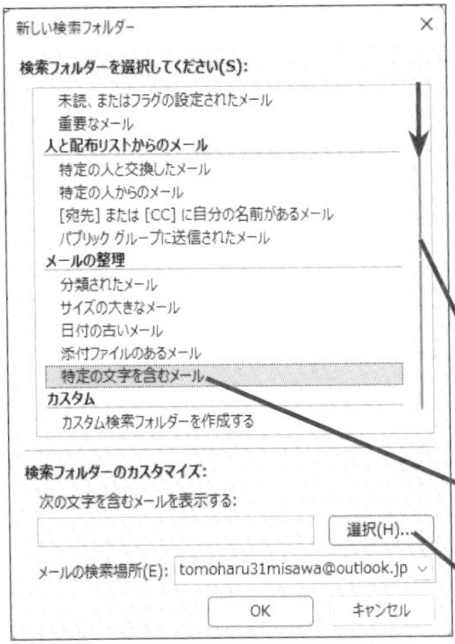

[新しい検索フォルダー] ダイアログボックスが表示された

ここでは「イベント」という文字を含むメールの検索フォルダーを作成する

3 ここをドラッグして下にスクロール

4 [特定の文字を含むメール] をクリック

5 [選択] をクリック

次のページに続く ➡

[文字の指定] ダイアログボックスが表示された

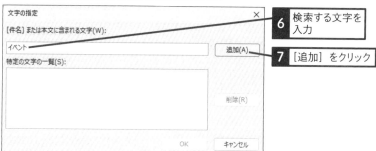

6 検索する文字を入力

7 [追加] をクリック

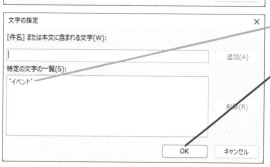

キーワードが [特定の文字の一覧] に追加された

8 [OK] をクリック

9 [新しい検索フォルダー] ダイアログボックスの [OK] をクリック

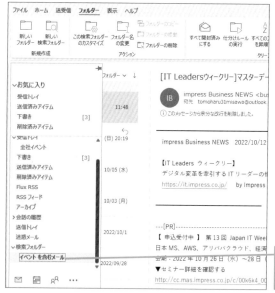

[検索フォルダー] に [イベントを含むメール] が追加された

048

Q 検索フォルダーの条件を変更したい

A [この検索フォルダーのカスタマイズ] をクリックします

[検索フォルダー] に表示されるメールが想定と異なっていたら検索条件を見直しましょう。見直せる検索条件は、検索文字の変更など、作成したときの条件のみです。抜本的に検索条件を変更したい場合は新規に作成します。

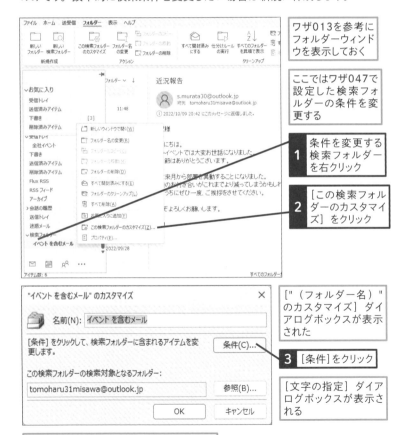

ワザ013を参考にフォルダーウィンドウを表示しておく

ここではワザ047で設定した検索フォルダーの条件を変更する

1 条件を変更する検索フォルダーを右クリック

2 [この検索フォルダーのカスタマイズ] をクリック

["（フォルダー名）" のカスタマイズ] ダイアログボックスが表示された

3 [条件] をクリック

[文字の指定] ダイアログボックスが表示される

ワザ047を参考に検索する文字を設定する

049

Q メールを自動でフォルダーに移動させたい

動画で見る

2021 365
お役立ち度 ★★★

A 仕分けルールを作成します

[仕分けルール] を作成すると、メールが届いたタイミングでメールをフォルダー分けできます。プロジェクトのメーリングリストや特定のメールアドレスからのメールを仕分けしておくことで、メールを探す手間が省けます。人によっては1日に何十通もメールが届くため、自動的な整理が大きく手間を省くことにつながります。[仕分けルール] 作成前に振り分けたいメールを選択しておくことで、そのメールの情報を元にルールを作成できます。選択したメールの差出人をルールに含めることができるので、指定したいメールアドレスを含んだメールを選択しておけばメールアドレスの間違いがなくなります。

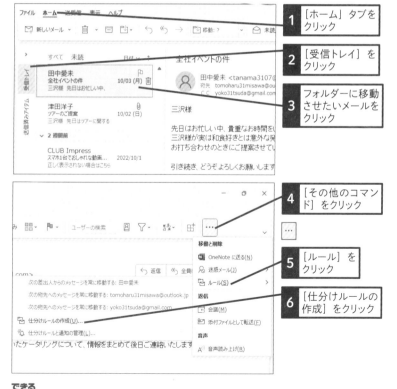

1 [ホーム] タブをクリック

2 [受信トレイ] をクリック

3 フォルダーに移動させたいメールをクリック

4 [その他のコマンド] をクリック

5 [ルール] をクリック

6 [仕分けルールの作成] をクリック

[仕分けルールの作成] ダイアログボックスが表示された

仕分けルールの作成

次の条件に一致する電子メールを受信したとき
☑ 差出人が次の場合(F): 田中愛未
☐ 件名が次の文字を含む場合(S): 全社イベントの件
☐ 宛先が次の場合(E): tomoharu31misawa@outlook.jp

実行する処理
☐ 新着アイテム通知ウィンドウに表示する(A)
☐ 音で知らせる(P): Windows Notify Ema ▶ ■ 参照(W)...
☑ アイテムをフォルダーに移動する(M): フォルダーの選択(L)...

OK   キャンセル   詳細オプション(D)...

7 [差出人が次の場合]をクリックしてチェックマークを付ける

選択したメールの差出人のメールアドレスが表示されている

8 [アイテムをフォルダーに移動する]をクリックしてチェックマークを付ける

仕分けルールと通知

フォルダーの選択(C):
∨ 📧 tomoharu31misawa@outlook.jp
　> ☑ 受信トレイ
　📝 下書き [3]
　📁 送信済みアイテム
　🗑 削除済みアイテム
　📰 Flux RSS
　📁 RSS フィード
　📁 アーカイブ
　📅 ジャーナル
　📁 タスク

OK
キャンセル
新規作成(N)...

[仕分けルールと通知] ダイアログボックスが表示された

9 [新規作成]をクリック

新しいフォルダーの作成

名前(N):
田中様

フォルダーに保存するアイテム(F):
メールと投稿 アイテム

フォルダーを作成する場所(S):
∨ 📧 tomoharu31misawa@outlook.jp
　> ☑ 受信トレイ
　📝 下書き [3]
　📁 送信済みアイテム
　🗑 削除済みアイテム
　📰 Flux RSS
　📁 RSS フィード
　📁 アーカイブ
　📅 ジャーナル
　📁 タスク
　📝 メモ

OK   キャンセル

[新しいフォルダーの作成] ダイアログボックスが表示された

10 フォルダー名を入力

11 [OK] をクリック

第3章　メールの検索と作業がはかどる時短ワザ

次のページに続く ➡

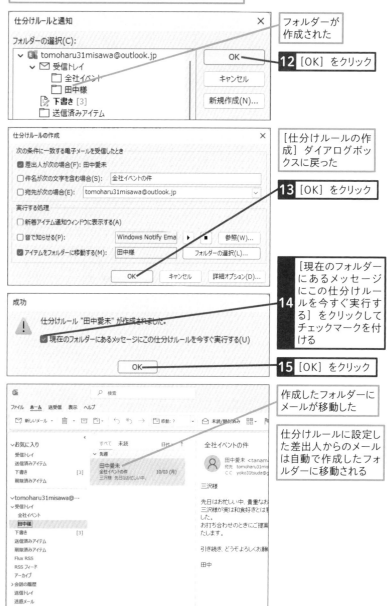

[仕分けルールと通知] ダイアログボックスに戻った

仕分けルールと通知

フォルダーの選択(C):

- ✓ 🗐 tomoharu31misawa@outlook.jp
  - ✓ ☐ 受信トレイ
    - ☐ 全社イベント
    - ☐ 田中様
  - 📝 下書き [3]
  - ☐ 送信済みアイテム

OK
キャンセル
新規作成(N)...

> フォルダーが作成された

> **12** [OK] をクリック

仕分けルールの作成

次の条件に一致する電子メールを受信したとき

- ☑ 差出人が次の場合(F): 田中愛未
- ☐ 件名が次の文字を含む場合(S): 全社イベントの件
- ☐ 宛先が次の場合(E): tomoharu31misawa@outlook.jp

実行する処理

- ☐ 新着アイテム通知ウィンドウに表示する(A)
- ☐ 音で知らせる(P): Windows Notify Ema ▶ ■ 参照(W)...
- ☑ アイテムをフォルダーに移動する(M): 田中様 フォルダーの選択(L)...

OK キャンセル 詳細オプション(D)...

> [仕分けルールの作成] ダイアログボックスに戻った

> **13** [OK] をクリック

成功

⚠ 仕分けルール "田中愛未" が作成されました。

☑ 現在のフォルダーにあるメッセージにこの仕分けルールを今すぐ実行する(U)

OK

> **14** [現在のフォルダーにあるメッセージにこの仕分けルールを今すぐ実行する] をクリックしてチェックマークを付ける

> **15** [OK] をクリック

🔍 検索

ファイル **ホーム** 送受信 表示 ヘルプ

☐ 新しいメール ∨ 🗑 ∨ 🗐 🗀 ∨ ↩ ↪ → 🗀 移動: ? ∨ 🖂 未読/開封済み ▥ ∨

∨お気に入り
受信トレイ
送信済みアイテム
下書き [3]
削除済みアイテム

∨tomoharu31misawa@...
∨受信トレイ
全社イベント
田中様
下書き [3]
送信済みアイテム
削除済みアイテム
Flux RSS
RSS フィード
アーカイブ
> 会話の履歴
送信トレイ
迷惑メール

すべて 未読 日付 ∨
∨先週
田中愛未
全社イベントの件 10/03 (月)
三沢様 先日はお忙しい中、

全社イベントの件

👤 田中愛未 <tanam
宛先 tomoharu31mis
C C yoko31tsuda@

三沢様

先日はお忙しい中、貴重なお
三沢様が実は和食好きとは思
した。
お打ち合わせのときにご提案
たします。

引き続き、どうぞよろしくお願

田中

> 作成したフォルダーにメールが移動した

> 仕分けルールに設定した差出人からのメールは自動で作成したフォルダーに移動される

050

Q もっと細かい条件でメール を自動的に振り分けたい

A 自動仕分けウィザードで設定します

[仕分けルール] は細かく条件を指定することで複雑な条件にも対応できます。例えば、[仕分けルールの作成] 画面で [音を知らせる] をオンにすると、自分だけに送られてきていたメールを別のメンバーに転送したときに、通知も届く設定にできます。また、受信だけでなく送信時にも [仕分けルール] を付けられます。そのほかにもメールマガジンを送ったときに、コピーを特定のメールアドレスに送れます。除外指定もできるため、上司から来たメールは転送を行わないようにするといった対応も可能です。気を付けておきたいのは、[仕分けルール] はOutlookが起動しているときのみ動作するということです。Outlookが起動し、メールがパソコンに配信されたときに振り分けが実行されます。なお、Microsoft 365を利用している場合クラウドサービス側でも [仕分けルール] を作成することができます。この場合はOutlookの起動時ではなくクラウドにメールが到着した時点で振り分けされます。この設定は、Outlook on the Web（Web版のOutlook）を開き、設定ボタンをクリック後、[Outlookのすべての設定を表示] - [メール] - [ルール] から作成できます。

ワザ049を参考に、[仕分けルールの作成] ダイアログボックスを表示しておく

1 [詳細オプション] をクリック

次のページに続く ➡

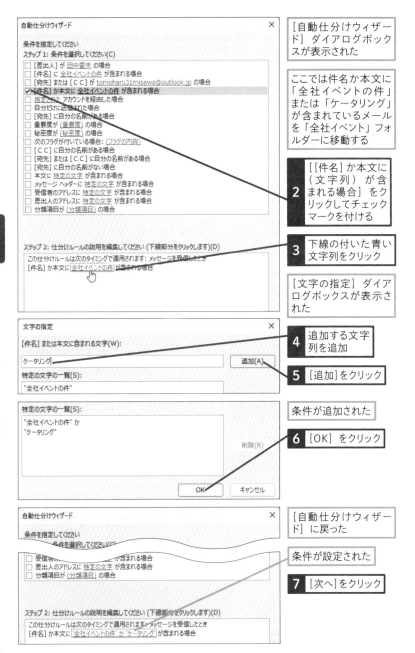

第3章　メールの検索と作業がはかどる時短ワザ

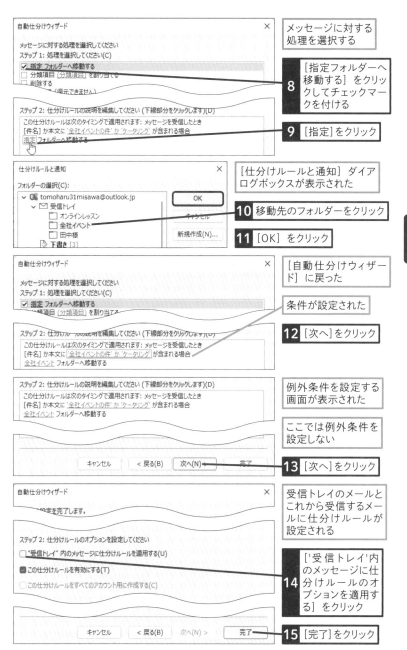

自動仕分けウィザード

メッセージに対する処理を選択してください
ステップ 1: 処理を選択してください(C)
☑ 指定 フォルダーへ移動する
☐ 分類項目 [分類項目] を割り当てる
☐ 削除する

ステップ 2: 仕分けルールの説明を編集してください (下線部分をクリックします)(D)

この仕分けルールは次のタイミングで適用されます: メッセージを受信したとき
[件名] か本文に '全社イベントの件' か 'ケータリング' が含まれる場合
指定 フォルダーへ移動する

> メッセージに対する処理を選択する
>
> **8** [指定フォルダーへ移動する] をクリックしてチェックマークを付ける
>
> **9** [指定] をクリック

仕分けルールと通知

フォルダーの選択(C):
- 📧 tomoharu31misawa@outlook.jp
  - 📥 受信トレイ
    - ☐ オンラインレッスン
    - ☐ 全社イベント
    - ☐ 田中様
  - ✒ 下書き [3]

OK / キャンセル / 新規作成(N)...

> [仕分けルールと通知] ダイアログボックスが表示された
>
> **10** 移動先のフォルダーをクリック
>
> **11** [OK] をクリック

自動仕分けウィザード

メッセージに対する処理を選択してください
ステップ 1: 処理を選択してください(C)
☑ 指定 フォルダーへ移動する
☐ 分類項目 [分類項目] を割り当てる

ステップ 2: 仕分けルールの説明を編集してください (下線部分をクリックします)(D)

この仕分けルールは次のタイミングで適用されます: メッセージを受信したとき
[件名] か本文に '全社イベントの件' か 'ケータリング' が含まれる場合
全社イベント フォルダーへ移動する

> [自動仕分けウィザード] に戻った
>
> 条件が設定された
>
> **12** [次へ] をクリック

ステップ 2: 仕分けルールの説明を編集してください (下線部分をクリックします)(D)

この仕分けルールは次のタイミングで適用されます: メッセージを受信したとき
[件名] か本文に '全社イベントの件' か 'ケータリング' が含まれる場合
全社イベント フォルダーへ移動する

キャンセル / < 戻る(B) / 次へ(N) / 完了

> 例外条件を設定する画面が表示された
>
> ここでは例外条件を設定しない
>
> **13** [次へ] をクリック

自動仕分けウィザード

検索を完了します。

ステップ 2: 仕分けルールのオプションを設定してください
☐ "受信トレイ" 内のメッセージに仕分けルールを適用する(U)
☑ この仕分けルールを有効にする(T)
☐ この仕分けルールをすべてのアカウント用に作成する(C)

キャンセル / < 戻る(B) / 次へ(N) > / 完了

> 受信トレイのメールとこれから受信するメールに仕分けルールが設定される
>
> **14** ['受信トレイ'内のメッセージに仕分けルールのオプションを適用する] をクリック
>
> **15** [完了] をクリック

051

Q 仕分けルールを削除したい

2021 365
お役立ち度 ★★★

A [仕分けルールと通知] ダイアログボックス
から削除します

[仕分けルール]は削除すると元に戻せません。再度使う可能性がある場合は[仕分けルールと通知] 画面でチェックボックスをクリックしてオフにし、削除ではなく無効化するようにしましょう。

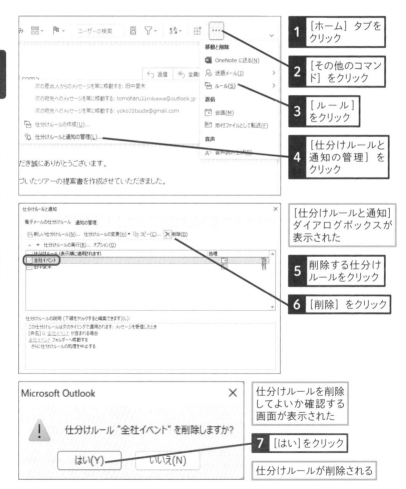

1 [ホーム] タブをクリック

2 [その他のコマンド] をクリック

3 [ルール] をクリック

4 [仕分けルールと通知の管理] をクリック

[仕分けルールと通知] ダイアログボックスが表示された

5 削除する仕分けルールをクリック

6 [削除] をクリック

仕分けルールを削除してよいか確認する画面が表示された

7 [はい] をクリック

仕分けルールが削除される

第3章 メールの検索と作業がはかどる時短ワザ

84 できる

052

◎ メールを種類別に分類したい

Ａ 色分類項目を使用します

メールを色付けして分類すると、どの分類なのか見た目で判断しやすくなります。また、[分類項目] は複数の分類を1つのメールに設定することもできます。さらに [分類項目] を利用した検索も行えるため、[検索フォルダー] と組み合わせて利用すると効果的です。なお [分類項目] はOutlook.com、Microsoft Exchangeでのみ利用可能です。

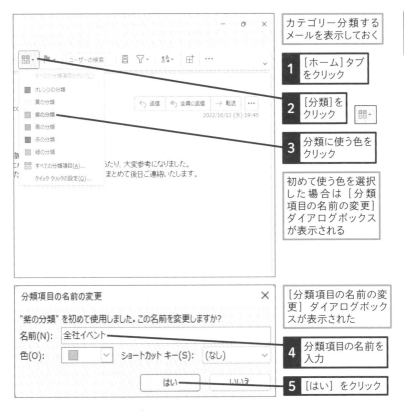

カテゴリー分類する
メールを表示しておく

1 [ホーム]タブ
をクリック

2 [分類]を
クリック

3 分類に使う色を
クリック

初めて使う色を選択
した場合は [分類
項目の名前の変更]
ダイアログボックス
が表示される

[分類項目の名前の変
更] ダイアログボック
スが表示された

4 分類項目の名前を
入力

5 [はい] をクリック

第3章 メールの検索と作業がはかどる時短ワザ

次のページに続く ➡

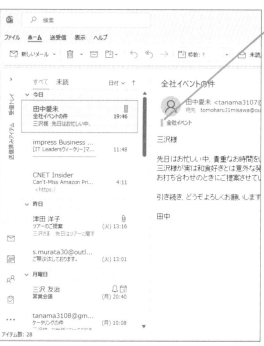

メールに色分類項目が設定された

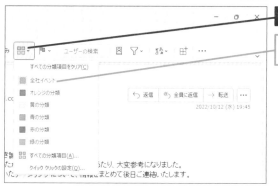

6 [分類]をクリック

入力したカテゴリー名が表示された

053

Q メールの分類項目を
増やしたい

2021 365
お役立ち度 ★ ★ ★

A [色分類項目] のダイアログボックスで
新規作成します

[分類項目] は最初は6種類の色のみですが、足りなければ追加できます。[分類項目] で設定できる色は25色あり、同じ色を複数回利用することも可能です。ただし同じ名前は使えません。[分類項目] の名前はメールを開いたときにタグとして表示されるので、分かりやすい名前を付けておきましょう。

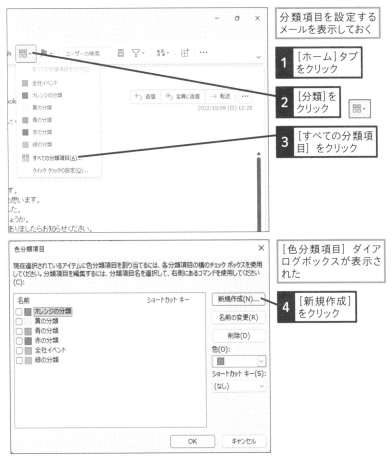

分類項目を設定する
メールを表示しておく

1 [ホーム]タブ
をクリック

2 [分類]を
クリック

3 [すべての分類項
目] をクリック

[色分類項目] ダイア
ログボックスが表示さ
れた

4 [新規作成]
をクリック

次のページに続く ➡

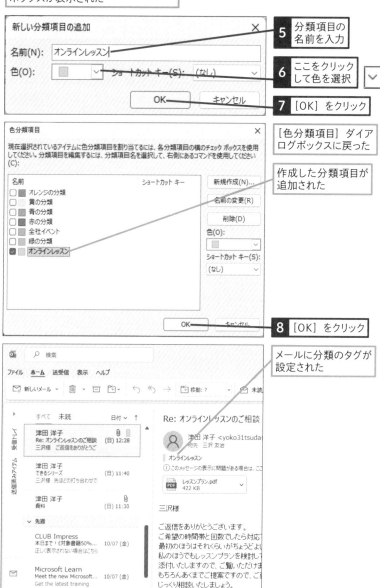

[新しい分類項目の追加] ダイアログ
ボックスが表示された

新しい分類項目の追加

名前(N): オンラインレッスン

色(O): ［　］∨ ショートカット キー(S): (なし) ∨

OK キャンセル

5 分類項目の
名前を入力

6 ここをクリック
して色を選択

7 [OK] をクリック

色分類項目

現在選択されているアイテムに色分類項目を割り当てるには、各分類項目の横のチェック ボックスを使用
してください。分類項目を編集するには、分類項目名を選択して、右側にあるコマンドを使用してください
(C):

名前 ショートカット キー
□ ■ オレンジの分類
□ ■ 黄の分類
□ ■ 青の分類
□ ■ 赤の分類
□ ■ 全社イベント
□ ■ 緑の分類
☑ ■ オンラインレッスン

新規作成(N)...
名前の変更(R)
削除(D)
色(O):
［■　］∨
ショートカット キー(S):
(なし) ∨

OK キャンセル

[色分類項目] ダイア
ログボックスに戻った

作成した分類項目が
追加された

8 [OK] をクリック

メールに分類のタグが
設定された

［○］ ♢ 検索

ファイル **ホーム** 送受信 表示 ヘルプ

✉ 新しいメール ∨ ｜ 🗑 ∨ 🗂 🗂 ∨ ｜ ↩ ↪ → ｜ 🗂 移動: ? ∨ ｜ 🖾 未読

すべて 未読 日付 ∨ ↑

津田 洋子 📎
Re: オンラインレッスンのご相談 (日) 12:28
三沢様 ご返信ありがとうござ

津田 洋子
できるシリーズ (日) 11:40
三沢様 先ほどの打ち合わせで

津田 洋子 📎
資料 (日) 11:30

∨ 先週

CLUB Impress
本日まで！《対象書籍50%... 10/07 (金)
正しく表示されない場合はこちら

Microsoft Learn
Meet the new Microsoft... 10/07 (金)
Get the latest training

津田 洋子

Re: オンラインレッスンのご相談

津田 洋子 <yoko31tsuda
宛先 三沢 友治

オンラインレッスン

① このメッセージの表示に問題がある場合は、ここ

📄 レッスンプラン.pdf ∨
PDF 422 KB

三沢様

ご返信をありがとうございます。
ご希望の時間帯と回数でしたら対応
最初のほうはそれくらいがちょうどよ
私のほうでもレッスンプランを検討し
添付いたしますので、ご覧いただけま
もちろんあくまでご提案ですので、ご
じっくり相談いたしましょう。

津田洋子

054

Q 対応が必要なメールに
期限を設定したい

2021 365
お役立ち度 ★ ★ ★

A メールにフラグを設定します

メールに [フラグ] を設定すると期限に近くなったときにアラームが鳴ります。
また、タスク画面の [To Doバーのタスクリスト] にも表示されるため、期限忘
れも防止できます。

●ビューから設定する

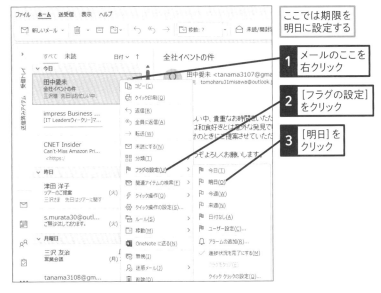

ここでは期限を
明日に設定する

1 メールのここを
右クリック

2 [フラグの設定]
をクリック

3 [明日] を
クリック

●設定したフラグを完了済みにする

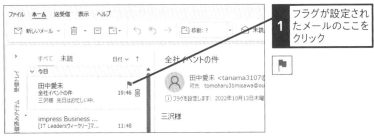

1 フラグが設定され
たメールのここを
クリック

055

Q クリックで設定される
フラグの期限を変更したい

2021 365
お役立ち度 ★★★

A クイッククリックの設定を変更します

[クイッククリック] とは、メールにマウスポインターを合わせると右側に表示されるフラグのアイコンです。フラグのアイコンをクリックするだけで、メールをタスク化できます。[クイッククリック] の初期設定は最初のクリックで当日期限のフラグが設定され、もう一度押すとタスクの完了となります。タスクの大半が1週間の期限となるようであれば、[クイッククリック] の期限を1週間に変更しておくと使いやすくなるでしょう。

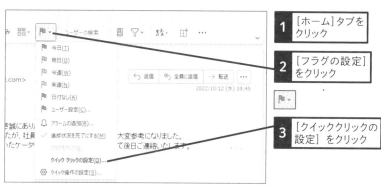

1 [ホーム]タブをクリック

2 [フラグの設定]をクリック

3 [クイッククリックの設定]をクリック

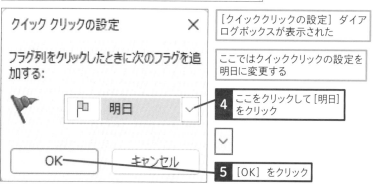

[クイッククリックの設定] ダイアログボックスが表示された

ここではクイッククリックの設定を明日に変更する

4 ここをクリックして [明日]をクリック

5 [OK] をクリック

関連
109 メールの内容を素早くタスク化するには　▶ P.157

第3章　メールの検索と作業がはかどる時短ワザ

056

Q よく使う文章をあらかじめ登録しておくには

動画で見る

2021 365
お役立ち度 ★ ★ ★

A [クイックパーツ] 機能を使用します

よく使う言い回しは [定型句] として保存できます。会社名の入った挨拶文や祝辞などのかしこまった言い回しを登録しておく以外に、週報などの言い回しを登録しておくと、入力の手間が省けます。[定型句] にはWebサイトのリンクや画像を含めることができるため、比較的凝った文章をストックするのに便利です。

●クイックパーツを登録する

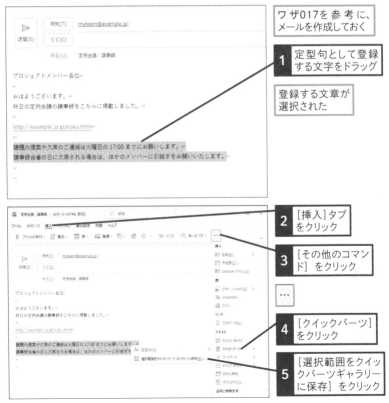

ワザ017を参考に、メールを作成しておく

1 定型句として登録する文字をドラッグ

登録する文章が選択された

2 [挿入]タブをクリック

3 [その他のコマンド]をクリック

4 [クイックパーツ]をクリック

5 [選択範囲をクイックパーツギャラリーに保存]をクリック

次のページに続く→

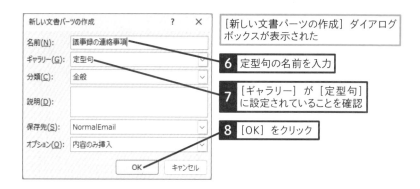

[新しい文書パーツの作成] ダイアログボックスが表示された

6 定型句の名前を入力

7 [ギャラリー] が [定型句] に設定されていることを確認

8 [OK] をクリック

●クイックパーツを使用する

ワザ017を参考に、メールを作成しておく

1 定型句を挿入する箇所をクリック

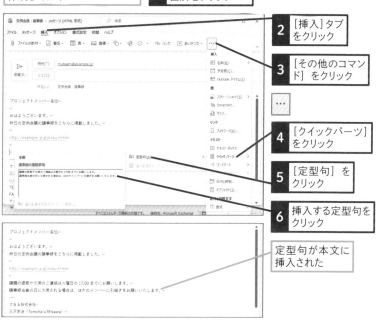

2 [挿入] タブをクリック

3 [その他のコマンド] をクリック

4 [クイックパーツ] をクリック

5 [定型句] をクリック

6 挿入する定型句をクリック

定型句が本文に挿入された

関連 057 登録した定型文を削除したい ▶ P.93

関連 058 よく使う文章を使い回したい ▶ P.94

057

Q 登録した定型文を削除したい

2021 365
お役立ち度 ★★★

A [文書パーツオーガナイザー] から削除します

登録した定型文は [定型句] ボタンにマウスポインターを合わせると、先頭の数行がプレビュー表示されます。あまりに [定型句] の数が多いと内容が見にくくなるため、数が多くなってきたら不要なものを削除していきましょう。

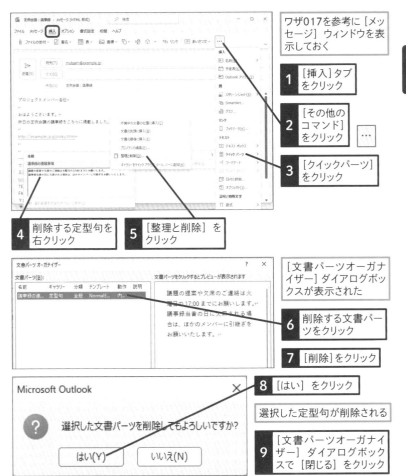

ワザ017を参考に [メッセージ] ウィンドウを表示しておく

1 [挿入]タブをクリック

2 [その他のコマンド] をクリック

3 [クイックパーツ]をクリック

4 削除する定型句を右クリック

5 [整理と削除] をクリック

[文書パーツオーガナイザー] ダイアログボックスが表示された

6 削除する文書パーツをクリック

7 [削除]をクリック

8 [はい] をクリック

選択した定型句が削除される

9 [文書パーツオーガナイザー] ダイアログボックスで [閉じる] をクリック

Microsoft Outlook

? 選択した文書パーツを削除してもよろしいですか？

はい(Y)   いいえ(N)

058 ⓠ よく使う文章を使い回したい

2021 365
お役立ち度 ★★

Ⓐ マイテンプレート機能を使用します

設定が少し複雑な[定型句]とは違い、簡単に作成できるのが[マイテンプレート]
です。[マイテンプレート]の最大の利点はOutlook.comやExchange Online
といったクラウド上に保存されるため、同じアカウントでサインインしていれば、
パソコンが違っても使用できる点です。テンプレート内に画像を使うこともでき
ますが、インターネットサイト画像へのリンクとなるためメール受信時に警告が
出ることがあります。テンプレート内に画像を入れたい場合は、ワザ056を参考
に、[定型句]を用いましょう。

第3章 メールの検索と作業がはかどる時短ワザ

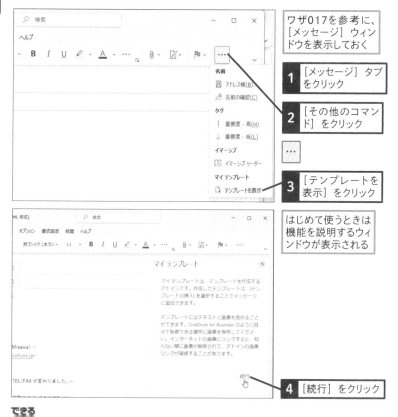

ワザ017を参考に、[メッセージ]ウィンドウを表示しておく

1 [メッセージ]タブをクリック

2 [その他のコマンド]をクリック

3 [テンプレートを表示]をクリック

はじめて使うときは機能を説明するウィンドウが表示される

4 [続行]をクリック

94 **できる**

マイテンプレートの
一覧が表示された

5 挿入するマイテン
プレートをクリック

ここをクリックするとマ
イテンプレートを新しく
作成できる

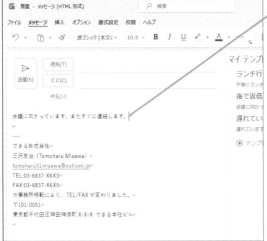

マイテンプレートが
挿入された

関連 056 よく使う文章をあらかじめ登録しておくには ▶ P.91

関連 062 指定した日時にメールを自動的に送信したい ▶ P.100

関連 063 上司へのメール転送を素早く行うには ▶ P.101

059

Q 自動で不在の連絡を送りたい

A 自動応答メッセージを設定します

[自動応答] を設定しておくと、長期休暇などで自分がメールを処理できないときに自動的にメールを返信してくれます。この機能はOutlookを起動していなくても動作します。文面にはいつ頃戻るのか書いておくとよいでしょう。Exchange Onlineを利用している場合は組織内と組織外で文面を分けることもできます。自動応答は差出人ごとに1回のみ返信が行われます。Outlookに設定されたタイムゾーンで送信されるため、海外と連絡を行っている場合でも時間の意識は不要です。なお、自動応答はGmailやプロバイダーのメールでは利用できません。

第3章 メールの検索と作業がはかどる時短ワザ

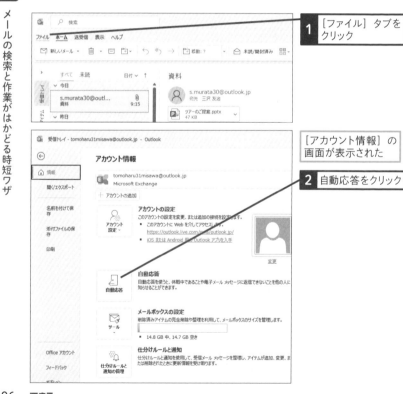

1 [ファイル] タブをクリック

[アカウント情報] の画面が表示された

2 自動応答をクリック

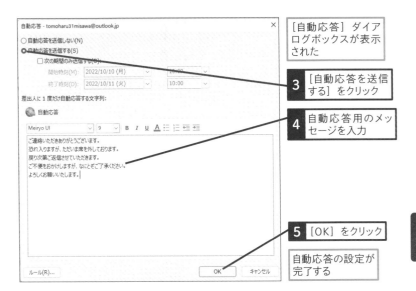

[自動応答] ダイアログボックスが表示された

3 [自動応答を送信する] をクリック

4 自動応答用のメッセージを入力

5 [OK] をクリック

自動応答の設定が完了する

第3章 メールの検索と作業がはかどる時短ワザ

ステップアップ

OutlookとTeamsなどのチャット機能との使い分け

最近はGmailを筆頭に、メールと連動する連絡先機能を用意していないケースが増えています。これは近年メールのやり取りが減っており、送信先のメールアドレスを入力して新規にメールを作成することが少なくなったためと思われます。しかしながらOutlookでは旧来より一貫してメールの [宛先] ボタンから連絡先を呼び出す機能が用意されています。OutlookはOffice製品の一部であるためビジネスユースが多く、メールの誤送信防止を目的に、事前に組織が設定したアドレス帳を用いて送信を行う慣習が根付いているためです。Outlookではメールアドレスを手打ち入力することも、連絡先から探し出すこともできます。近年利用の機会が増えたTeamsでは連絡先相手を探す際はユーザーを手打ち入力で探す以外に方法がありません。OutlookやTeamsの使い分けの一つとしても連絡先から相手を探し出すことができるかどうかという点を意識してみてはいかがでしょう。

関連 060 自動応答の設定を解除するには   ▶ P.98

関連 061 自動応答にスケジュールを設定したい   ▶ P.99

関連 062 指定した日時にメールを自動的に送信したい   ▶ P.100

060

Q 自動応答の設定を
解除するには

2021 365
お役立ち度 ★★★

A ［アカウント情報］の画面で自動応答機能を
オフにします

設定期間中に新たな差出人からメールが来ると応答が送られるので、戻ってき
たら自動応答を解除しましょう。不在期間中に誰に自動応答を送ったのかなど、
履歴は表示されません。不在期間中の未読メールを確認して、返信が必要なメー
ルに連絡するのを忘れないようにしましょう。

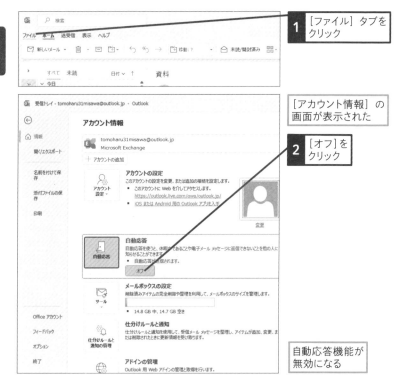

1 ［ファイル］タブを
クリック

［アカウント情報］の
画面が表示された

2 ［オフ］を
クリック

自動応答機能が
無効になる

関連 指定した日時にメールを自動的に
062 送信したい ▶ P.100

第3章　メールの検索と作業がはかどる時短ワザ

061

Q 自動応答にスケジュールを設定したい

2021 365
お役立ち度 ★★

A [自動応答] ダイアログボックスで スケジュールが設定できます

戻るタイミングが決まっていれば、[自動応答] にはスケジュールも設定できます。
終了時刻が過ぎると自動応答の設定は解除されます。

> ワザ059を参考に、[自動応答] ダイアログ
> ボックスを表示しておく

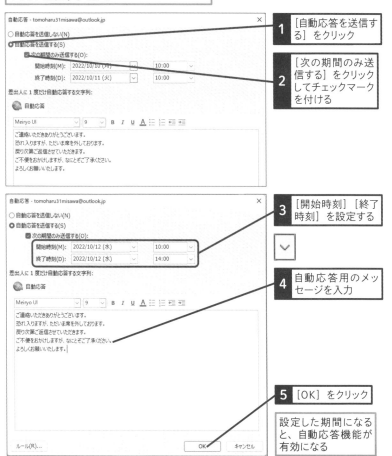

1 [自動応答を送信する] をクリック

2 [次の期間のみ送信する] をクリックしてチェックマークを付ける

3 [開始時刻] [終了時刻] を設定する

4 自動応答用のメッセージを入力

5 [OK] をクリック

> 設定した期間になると、自動応答機能が有効になる

第3章 メールの検索と作業がはかどる時短ワザ

できる 99

062

Q 指定した日時にメールを
自動的に送信したい

2021 365
お役立ち度 ★ ★ ★

A 配信オプションを設定します

メール送信の日時指定をする [配信タイミング] という機能が備わっています。
指定した時刻以降にOutlookが起動するとその時点でメールが送信されます。
[配信タイミング] は、Outlookが起動していないと実行されないので注意しま
しょう。

ワザ017を参考に、メールを作成しておく

1 [オプション] タブ
をクリック

2 [その他のコ
マンド] をク
リック

3 [配信タイミング]
をクリック

[プロパティ] ダイアログボックスが表示された

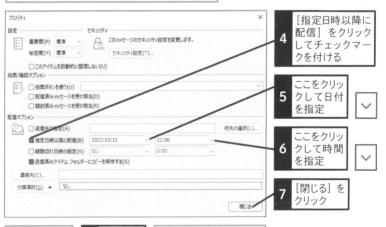

4 [指定日時以降に
配信] をクリック
してチェックマー
クを付ける

5 ここをクリック
して日付
を指定

6 ここをクリッ
クして時間
を指定

7 [閉じる] を
クリック

メールの作成
画面に戻る

8 [送信] を
クリック

指定した日時にメール
が送信される

063

Q 上司へのメール転送を
素早く行うには

2021 365
お役立ち度 ★ ★ ★

A クイック操作を利用します

事前に上司のアドレスを設定しておくことで [上司に転送] ボタンをクリックするだけで上司に向けて転送を行う準備が整います。ボタンをクリックする前に、転送すべきメールなのか再確認し、転送意図など一文を添えて送信しましょう。セミコロン (;) で区切れば複数の上司に向けて転送を行えます。[初回使用時のセットアップ] で [オプション] ボタンをクリックするとショートカットキーを決めるなど細かい設定が可能です。

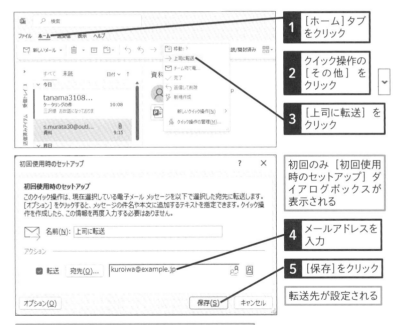

1 [ホーム]タブをクリック

2 クイック操作の [その他] をクリック

3 [上司に転送] をクリック

初回のみ [初回使用時のセットアップ] ダイアログボックスが表示される

4 メールアドレスを入力

5 [保存]をクリック

転送先が設定される

次回から、転送するメールを選択して [上司に転送] をクリックすると、転送先が入力済みのメッセージ画面が表示される

関連 059 自動で不在の連絡を送りたい ▶ P.96

動画で見る

Q クイック操作を
追加するには

2021 365
お役立ち度 ★ ★ ★

A [クイック操作の編集] ダイアログボックスで
作成します

[クイック操作] では操作内容をカスタマイズできます。メールをチームメンバーに転送し、転送した元のメールを事前に作成した別のフォルダーに格納するような複数の動作をまとめることも可能です。設定可能なアクションは [整理] [状態の変更] [分類、タスク、フラグ] [返信] [予定] [スレッド] のカテゴリーから選択できます。これらを組み合わせることで、自分がよく使う操作を作れます。

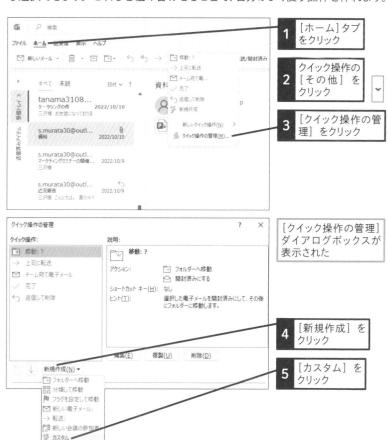

1 [ホーム] タブをクリック

2 クイック操作の [その他] をクリック

3 [クイック操作の管理] をクリック

[クイック操作の管理] ダイアログボックスが表示された

4 [新規作成] をクリック

5 [カスタム] をクリック

[クイック操作の
編集] ダイアロ
グボックスが表
示された

ここでは、複数のあて先にメール
を転送してからアーカイブフォル
ダーに移動するクイック操作を追
加する

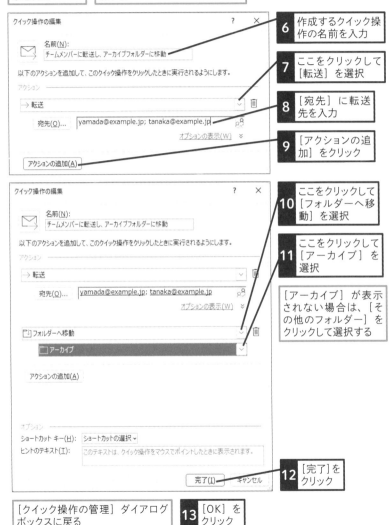

6 作成するクイック操
作の名前を入力

7 ここをクリックして
[転送] を選択

8 [宛先] に転送
先を入力

9 [アクションの追
加] をクリック

10 ここをクリックして
[フォルダーへ移
動] を選択

11 ここをクリックして
[アーカイブ] を
選択

[アーカイブ] が表示
されない場合は、[そ
の他のフォルダー] を
クリックして選択する

12 [完了]を
クリック

[クイック操作の管理] ダイアログ
ボックスに戻る

13 [OK] を
クリック

新しいクイック操作が登録される

065

Q クイック操作を削除するには

2021 365
お役立ち度 ★★★

A [クイック操作の管理] ダイアログボックスから削除します

[クイック操作] はメール画面でリボン内の [クイック操作] の欄に6種類を表示でき、ショートカットキーに9種類登録できるので、両方を足し合わせた15個までにしておくとワンクリックで呼び出せます。不要なものを削除して増えすぎないよう調整しましょう。

第3章 メールの検索と作業がはかどる時短ワザ

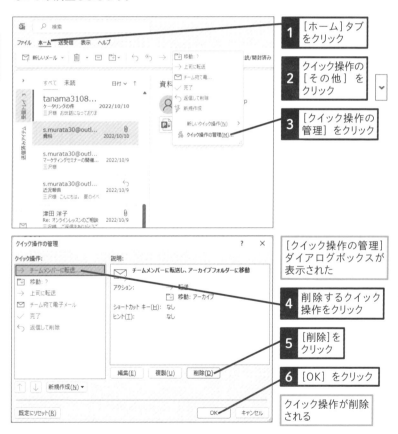

1 [ホーム] タブをクリック

2 クイック操作の [その他] をクリック

3 [クイック操作の管理] をクリック

[クイック操作の管理] ダイアログボックスが表示された

4 削除するクイック操作をクリック

5 [削除] をクリック

6 [OK] をクリック

クイック操作が削除される

関連 054 対応が必要なメールに期限を設定したい ▶ P.89

第 **4** 章

予定の管理も
スムーズに!
予定表のテクニック

メーラーとしてOutlookを利用するだけではもったいない。Outlookが利用される理由の大半は予定の管理機能にあるのです。初めて使う人も、今まで利用してた人も、予定の管理方法を覚えておきましょう。

Q 予定表画面の主な構成を知りたい

2021 365
お役立ち度 ★★★

A カレンダーナビゲーターとビューで予定を表示します

予定表画面では月のカレンダーや日ごとのスケジュール形式で予定を表示できます。リボンの[日]や[週]などの切り替えボタンとカレンダーナビゲーターで表示内容を変更します。ほかの人と時間を調整するときは[グループスケジュール]を使いましょう。Microsoft Exchangeを使っているユーザーや、Googleカレンダーを公開しているユーザーの予定表を並べて表示できます。

第4章 予定の管理もスムーズに!予定表のテクニック

◆カレンダーナビゲーター
フォルダーウィンドウを展開すると表示される。日付や月をクリックして表示する期間を変更できる

◆リボン
予定表に関するさまざまな機能のボタンがタブごとに分類されている

予定表の表示形式をボタンで切り替えられる

終日の予定はここに表示される

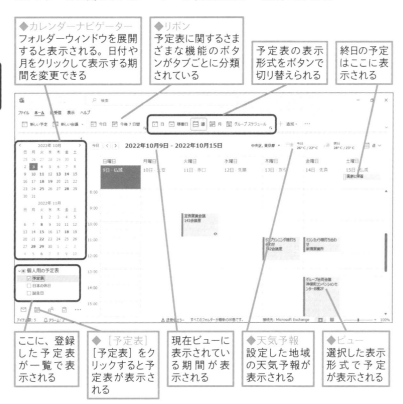

ここに、登録した予定表が一覧で表示される

◆[予定表]
[予定表]をクリックすると予定表が表示される

現在ビューに表示されている期間が表示される

◆天気予報
設定した地域の天気予報が表示される

◆ビュー
選択した表示形式で予定が表示される

067

Q 日時を指定して予定を登録するには

2021　365
お役立ち度 ★ ★ ★

A 日時を選択して予定を作成します

予定表で日時を選択しておくと、その日時の予定を簡単に登録できます。開始時間と終了時間は予定の作成画面で1分単位の入力が可能です。

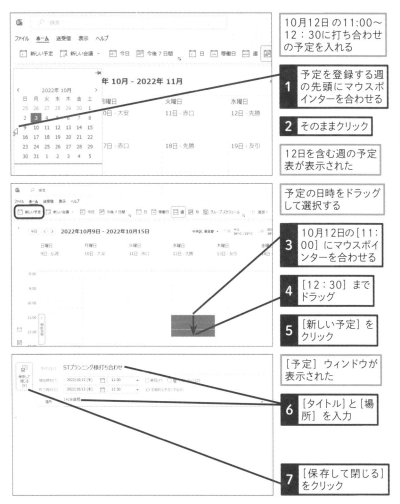

10月12日の11:00〜12：30に打ち合わせの予定を入れる

1 予定を登録する週の先頭にマウスポインターを合わせる

2 そのままクリック

12日を含む週の予定表が表示された

予定の日時をドラッグして選択する

3 10月12日の[11：00]にマウスポインターを合わせる

4 [12：30]までドラッグ

5 [新しい予定]をクリック

[予定]ウィンドウが表示された

6 [タイトル]と[場所]を入力

7 [保存して閉じる]をクリック

068

Q 予定を変更したい

2021 | 365
お役立ち度 ★★

A [予定] ウィンドウを表示して変更します

日程だけでなく、予定の詳細などを後から編集できるのがOutlookの予定表の特徴です。予定が変わった際には間を開けずに更新しましょう。

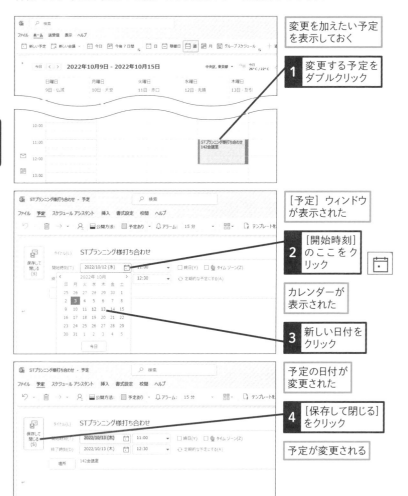

変更を加えたい予定を表示しておく

1 変更する予定をダブルクリック

[予定] ウィンドウが表示された

2 [開始時刻]のここをクリック

カレンダーが表示された

3 新しい日付をクリック

予定の日付が変更された

4 [保存して閉じる]をクリック

予定が変更される

第4章　予定の管理もスムーズに！予定表のテクニック

069

Q 予定を削除するには

**A [予定] タブの [削除] ボタンを
クリックします**

予定を削除するときは添付ファイルや大切なメモがないことを確認しましょう。
以下の手順のほか、予定を選択して Delete キーを押しても予定を削除できます。
予定にアラームを設定しているときは、連動してアラームも削除されます。予定
の内容を確認してから削除したい場合は、予定を開いてから [予定] タブにある
[削除] ボタンをクリックしましょう。

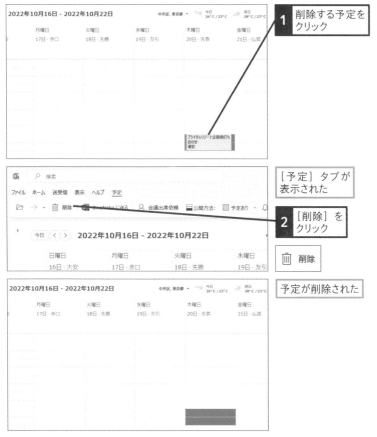

1 削除する予定を
クリック

[予定] タブが
表示された

2 [削除] を
クリック

🗑 削除

予定が削除された

070

Q 毎週ある作業を
予定に入れるには

動画で見る

2021 365
お役立ち度 ★★★

A [定期的な予定の設定] ダイアログボックス
で予定を登録します

定期的に訪れる予定を一件一件入力していく必要はありません。[定期的な予定の設定] 画面では毎週以外にも毎日、毎月、毎年といった単位での設定も可能です。1回限りだった予定が定期的な予定に変わる場合、予定を編集し、[終了時刻] の右にある [定期的な予定にする] ボタンから毎週の予定などに設定を変更できます。

第4章 予定の管理もスムーズに！予定表のテクニック

ここでは、毎週火曜日の9:30 〜 11:00に行う定例会議を予定に登録する	最初の予定を登録する週を表示しておく

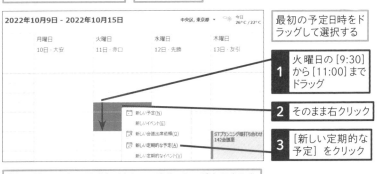

最初の予定日時をドラッグして選択する

1 火曜日の [9:30]から [11:00]までドラッグ

2 そのまま右クリック

3 [新しい定期的な予定] をクリック

[定期的な予定の設定] ダイアログボックスが表示された

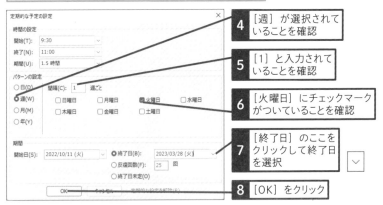

4 [週] が選択されていることを確認

5 [1] と入力されていることを確認

6 [火曜日] にチェックマークがついていることを確認

7 [終了日] のここをクリックして終了日を選択

8 [OK] をクリック

定期的な予定
が設定された

[定期的な予定]ウィンドウ
が表示された

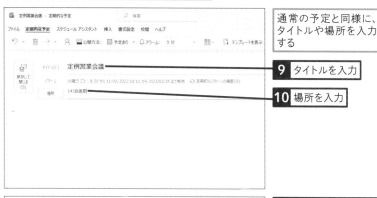

通常の予定と同様に、
タイトルや場所を入力
する

9 タイトルを入力

10 場所を入力

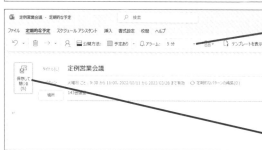

11 [アラーム]のここ
をクリックして[5
分]を選択

予定の入力を完了する

12 [保存して閉じる]
をクリック

今日 〈 〉 **2022年10月9日 - 2022年10月15日**

選択した日時から終了
まで、定期的に繰り返
す予定が入力された

定期的な予定には、
繰り返しを示すアイコ
ンが表示される

	日曜日	月曜日	火曜日	水曜日
	9日・仏滅	10日・大安	11日・赤口	12日・先
8:00				
9:00				
10:00			定例営業会議 143会議室	
11:00				
12:00				
13:00				
14:00				
15:00				

第**4**章 予定の管理もスムーズに!予定表のテクニック

071

Q 毎週ある予定を削除したい

2021 365
お役立ち度 ★★★

A [削除] ボタンから [選択した回を削除] を
クリックします

今週だけ予定をキャンセルしたい場合は [選択した回を削除] を選びます。これ
により来週の予定はそのままに、今週の予定だけが削除されます。削除すると
きに確認画面は表示されないため、間違えて削除しないように注意しましょう。

●毎週ある予定を一つだけ削除する

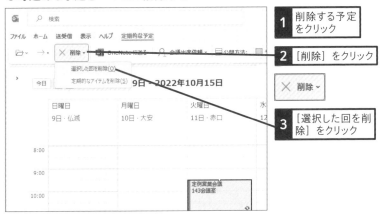

1 削除する予定をクリック

2 [削除] をクリック

3 [選択した回を削除] をクリック

●毎週ある予定をすべて削除する

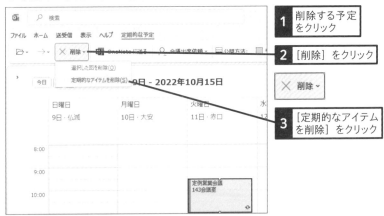

1 削除する予定をクリック

2 [削除] をクリック

3 [定期的なアイテムを削除] をクリック

第4章 予定の管理もスムーズに！予定表のテクニック

072 Q 毎日ある作業の予定を入れたい

2021 365
お役立ち度 ★★

A [定期的な予定の設定] ダイアログボックスで [日] を選びます

[定期的な予定の設定] ダイアログボックスでは、毎日の予定以外にも毎月の予定や毎年の予定を設定することも可能です。2日に1回というような予定がある場合は、[間隔] の日数を増やすことで設定できます。また、稼働日を設定しておけば [すべての平日] に予定を入れられます。

ワザ070を参考に、[定期的な予定の設定]
ダイアログボックスを表示しておく

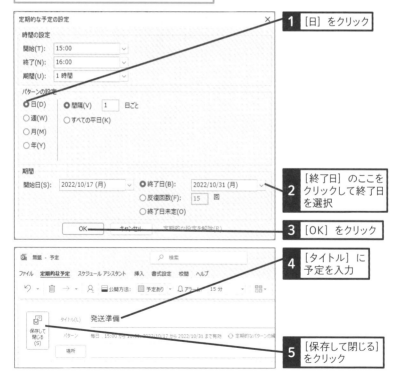

1 [日] をクリック

2 [終了日] のここをクリックして終了日を選択

3 [OK] をクリック

4 [タイトル] に予定を入力

5 [保存して閉じる] をクリック

関連
071 毎週ある予定を削除したい ▶ P.112

第4章 予定の管理もスムーズに！予定表のテクニック

できる **113**

073

Q 終日の予定を入れるには

2021 365
お役立ち度 ★ ★

A [開始時刻]の横にある[終日]に チェックを入れます

Outlookでは1日中拘束される終日の予定を「イベント」と呼びます。[イベント]の期間は指定した日の0:00から翌日0:00までの24時間です。時間指定の予定と異なり予定表の上部に表示されます。また、予定の[公開方法]が[空き時間]に設定されるため、ビューに表示されるタイムラインには、何も表示されません。予定が登録されていない場合でも、予定表の上部を見て[イベント]が入っていないか確認するか、[公開方法]を[予定あり]などに変更するようにしましょう。

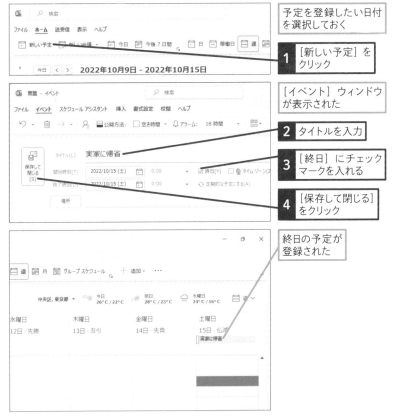

予定を登録したい日付を選択しておく

1 [新しい予定]を クリック

[イベント]ウィンドウが表示された

2 タイトルを入力

3 [終日]にチェックマークを入れる

4 [保存して閉じる]をクリック

終日の予定が登録された

第4章 予定の管理もスムーズに！予定表のテクニック

074

Q 数日にわたる予定を登録するには

動画で見る

2021 365
お役立ち度 ★★

A [週] ビューで連続した日付を選択してから予定を登録します

2日間開催のイベントなどは予定の表示を切り替えて登録しましょう。同じ週の予定であれば [週] ビューで予定の登録ができますが、週をまたぐ予定やゴールデンウィークなどの長期間の予定は [月] ビューに切り替えて同様の操作を行い登録します。カレンダー表示以外でも、予定表の作成画面で終了時刻を開始時刻と別日に設定すると数日にわたる予定として設定されます。期間を選択した後にダブルクリックするとクリックした時間のみの予定設定となってしまうので操作時は気をつけましょう。

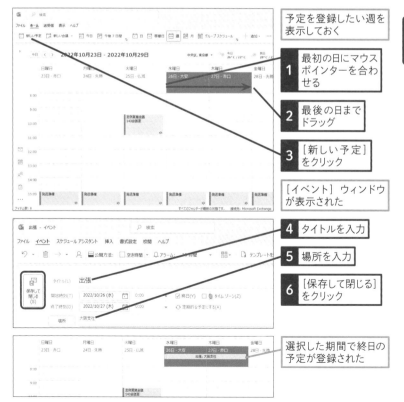

予定を登録したい週を表示しておく

1 最初の日にマウスポインターを合わせる

2 最後の日までドラッグ

3 [新しい予定] をクリック

[イベント] ウィンドウが表示された

4 タイトルを入力

5 場所を入力

6 [保存して閉じる] をクリック

選択した期間で終日の予定が登録された

075 ❓ 会議の出席依頼を送りたい

2021 365
お役立ち度 ★★

🅐 [新しい会議] ボタンをクリックし、出席依頼のメールを送ります

ほかの人と打ち合わせを行いたい場合は会議の出席依頼が便利です。ほかの人がGoogleカレンダーなどを利用していてもOutlookの予定表と同じように、カレンダーに会議予定を設定できます。必ずしも出席が必要ではなく、予定が合えば出席してほしい相手は [任意] 欄にメールアドレスを入力しましょう。

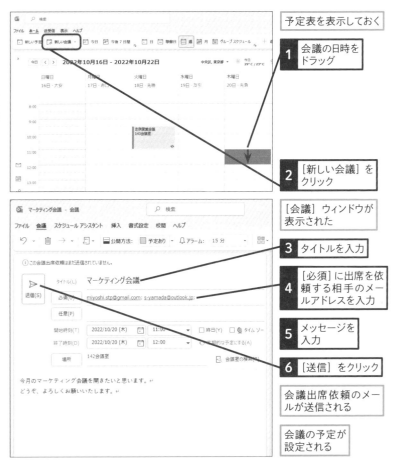

予定表を表示しておく

1 会議の日時をドラッグ

2 [新しい会議] をクリック

[会議] ウィンドウが表示された

3 タイトルを入力

4 [必須] に出席を依頼する相手のメールアドレスを入力

5 メッセージを入力

6 [送信] をクリック

会議出席依頼のメールが送信される

会議の予定が設定される

第4章 予定の管理もスムーズに！予定表のテクニック

076

Q 会議の予定を削除したい

A [会議] タブで [会議のキャンセル] ボタンをクリックします

ほかの人に会議を依頼した場合は予定をキャンセルするときにその旨を連絡する必要があります。予定のキャンセル案内は会議の予定を削除することで簡単に行えます。

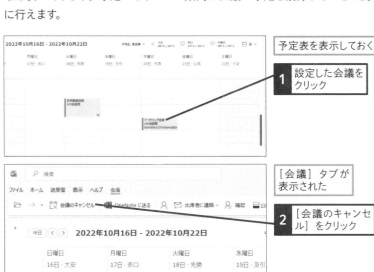

予定表を表示しておく

1 設定した会議をクリック

[会議] タブが表示された

2 [会議のキャンセル] をクリック

キャンセル通知を送信する画面が表示された

3 [キャンセル通知を送信] をクリック

会議のキャンセル通知のメールが送信される

077

Q 会議の出席依頼に返答したい

2021 | 365
お役立ち度 ★★★

A 出席依頼メールから返答します

知り合いから会議の案内がきたら出欠の返答をしましょう。出欠の返信を受け取った相手は会議の出欠席が分かるようになります。相手に出欠を返信することになるため、メールの返信と同じように知らない人からの出欠依頼には返答しないように注意しましょう。

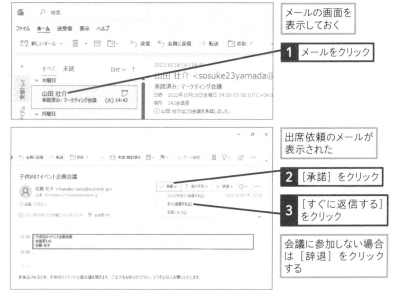

メールの画面を表示しておく

1 メールをクリック

出席依頼のメールが表示された

2 [承諾] をクリック

3 [すぐに返信する] をクリック

会議に参加しない場合は [辞退] をクリックする

●出席依頼に返答があった場合

2022/10/18 (火) 14:42
山田 壮介 <sosuke23yamada@outlook.jp>
承諾済み: マーケティング会議
日時　2022年10月28日金曜日 14:00-15:00 (UTC+09:00) 大阪, 札幌, 東京
場所　142会議室
ⓘ 山田 壮介はこの会議を承諾しました。

出欠の返答が行われるとメールが届く

078

Q 予定表画面で招待された会議に応答するには

お役立ち度 ★ ★

A 応答だけであれば [すぐに返信する] ボタンをクリックしましょう

ほかの人から会議に招待された場合、参加の可否を応答する必要があります。参加したい場合は [すぐに返信する] をクリックすると相手に参加する旨が伝わります。参加に対して注文事項などのコメントがある場合、[コメントをつけて返信する] を利用するとメッセージを追加して返信できます。

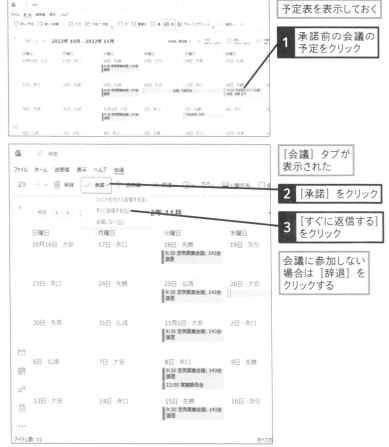

予定表を表示しておく

1 承諾前の会議の予定をクリック

[会議] タブが表示された

2 [承諾] をクリック

3 [すぐに返信する] をクリック

会議に参加しない場合は [辞退] をクリックする

第4章 予定の管理もスムーズに！予定表のテクニック

079

Q 応答した会議のメールを再確認したい

2021 365
お役立ち度 ★★★

A ［送信済みアイテム］から確認できます

ほかの人から送られてきた会議の参加依頼に返信すると、送られてきたメールが受信トレイなどの元あった場所から見えなくなります。参加依頼があった日を確認したいときなど、参加依頼のメールを読み返したい場合に困ることがあります。見えなくなったメールは［送信済みアイテム］からスレッドとして表示することで見えるようになるのです。

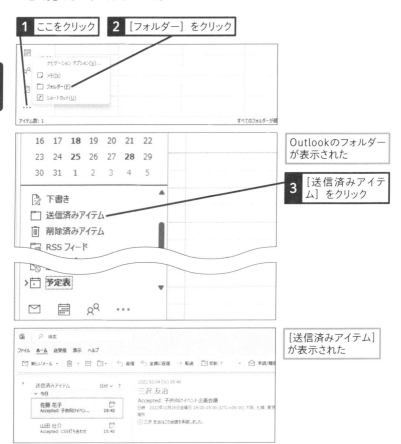

1 ここをクリック　**2** ［フォルダー］をクリック

> ナビゲーション オプション(V)...
> ☐ メモ(N)
> ☐ フォルダー(E)
> ☑ ショートカット(U)

アイテム数: 1　　　すべてのフォルダーが最

Outlookのフォルダーが表示された

16	17	**18**	19	20	21	22
23	24	**25**	26	27	**28**	29
30	31	1	2	3	4	5

3 ［送信済みアイテム］をクリック

> 📄 下書き
> 🗂 送信済みアイテム
> 🗑 削除済みアイテム
> 📇 RSS フィード

> ⟩📅 **予定表**

> ☐　🗓　👥　• • •

［送信済みアイテム］が表示された

🔍 検索
ファイル　**ホーム**　送受信　表示　ヘルプ
☐ 新しいメール ▾　🗑 ▾　☐ 📄 ▾　↩ 返信　↩ 全員に返信　→ 転送　☐ 移動: ▾　☐ 未読/開

> 送信済みアイテム　　日付 ▾ ↑
> ∨ 今日
> 佐藤 花子　　　　　　　📄
> Accepted: 子供向けイベン...　19:40
>
> 山田 壮介　　　　　　　📄
> Accepted: CSS打ち合わせ　15:40

2022/10/04 (火) 19:40
三沢 友治
Accepted: 子供向けイベント企画会議
日時　2022年10月28日金曜日 14:00-15:00 (UTC+09:00) 大阪, 札幌, 東京
場所
ⓘ 三沢 友治はこの会議を承諾しました。

第**4**章　予定の管理もスムーズに！予定表のテクニック

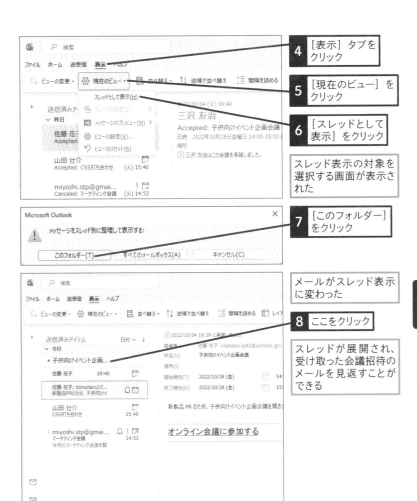

4 [表示] タブを
クリック

5 [現在のビュー] を
クリック

6 [スレッドとして
表示] をクリック

スレッド表示の対象を
選択する画面が表示さ
れた

7 [このフォルダー]
をクリック

メールがスレッド表示
に変わった

8 ここをクリック

スレッドが展開され、
受け取った会議招待の
メールを見返すことが
できる

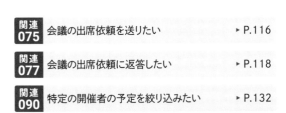

関連
075 会議の出席依頼を送りたい　　　　　　► P.116

関連
077 会議の出席依頼に返答したい　　　　　　► P.118

関連
090 特定の開催者の予定を絞り込みたい　　　► P.132

第4章 予定の管理もスムーズに！予定表のテクニック

080

Q 予定の重複を自動で辞退するには

2021　365
お役立ち度 ★★

A [自動承認/辞退]の設定により行えます

先に依頼された会議の予定を優先したい場合、[自動承諾または辞退]ダイアログボックスより[既存の予定または会議と重なる会議への出席依頼は自動的に辞退する]にチェックマークを入れておきましょう。するとダブルブッキングが発生しそうになったとき、自動的に辞退されるようになります。

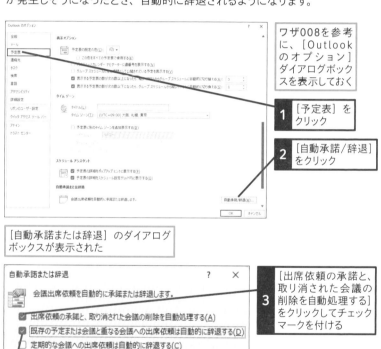

ワザ008を参考に、[Outlookのオプション]ダイアログボックスを表示しておく

1 [予定表]をクリック

2 [自動承諾/辞退]をクリック

[自動承諾または辞退]のダイアログボックスが表示された

3 [出席依頼の承諾と、取り消された会議の削除を自動処理する]をクリックしてチェックマークを付ける

4 [既存の予定または会議と重なる会議への出席依頼は自動的に辞退する]をクリックしてチェックマークを付ける

5 [OK]をクリック

6 [Outlookのオプション]ダイアログボックスの[OK]をクリック

081 ❓ 海外の時間を意識して 予定を組むには

2021 365
お役立ち度 ★★

💡 予定表上に複数のタイムゾーンを 表示できます

会議相手の時間帯をあらかじめ知っておくことでアイスブレイクを行いやすくなります。会議開催前に相手の時間を確認しておけば、相手の時間帯にまつわる話題を取り上げやすくなります。

ワザ008を参考に、[Outlookのオプション]
ダイアログボックスを表示しておく

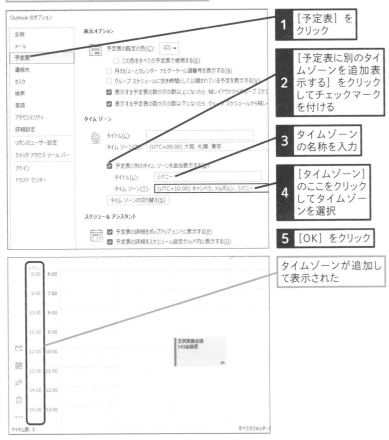

1 [予定表] を
クリック

2 [予定表に別のタイムゾーンを追加表示する] をクリックしてチェックマークを付ける

3 タイムゾーンの名称を入力

4 [タイムゾーン] のここをクリックしてタイムゾーンを選択

5 [OK] をクリック

タイムゾーンが追加して表示された

Q 自分の稼働日を
設定しておくには

2021 365
お役立ち度 ★ ★

A [Outlookのオプション] 画面の
[稼働時間] [稼働日] で設定します

Outlookには仕事をする日を [稼働日]、仕事をする時間を [稼働時間] として設定できます。稼働日を設定しておくと表示形式を [稼働日] にした場合に、稼働しない日がビューに表示されなくなります。また [週] ビューなど、時間単位で予定が表示されるときに稼働日や稼働時間ではない時間帯がグレーで表示されます。

第4章 予定の管理もスムーズに！予定表のテクニック

ここでは月曜〜水曜、金曜、土曜を稼働日に設定する

ワザ008を参考に、[Outlookのオプション] ダイアログボックスを表示しておく

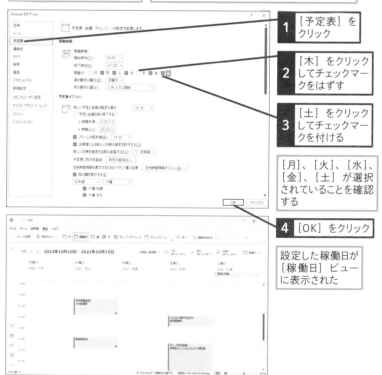

1 [予定表] をクリック

2 [木] をクリックしてチェックマークをはずす

3 [土] をクリックしてチェックマークを付ける

[月]、[火]、[水]、[金]、[土] が選択されていることを確認する

4 [OK] をクリック

設定した稼働日が [稼働日] ビューに表示された

083

**Q 予定に関するファイルを
まとめたい**

A [ファイルの添付] 機能を使います

予定を設定したら関連するファイルを添付しておきましょう。メールやファイル
サーバーと違い、予定に関連したファイルということがひと目で分かるため、
予定時間前にファイルを探す手間を省けます。また、スマートフォンアプリの
Outlookを利用していればスマートフォンからファイルを確認することも可能で
す。チームメンバーで実施する会議では事前に情報共有できるため積極的に
ファイルをまとめておきましょう。

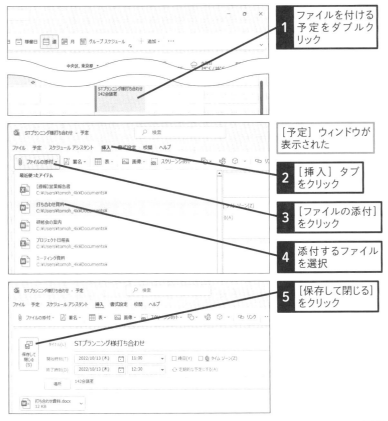

1 ファイルを付ける
予定をダブルク
リック

[予定] ウィンドウが
表示された

2 [挿入] タブ
をクリック

3 [ファイルの添付]
をクリック

4 添付するファイル
を選択

5 [保存して閉じる]
をクリック

084

2021 365
お役立ち度 ★★

A [予定] ウィンドウの [予定] タブで
[アラーム] に時間を設定します

予定を登録する際にアラームを設定しておくと、予定の15分前に音と通知でお知らせしてくれます。アラームは、直前の通知から2週間前の通知まで幅広いタイミングで鳴らすことができます。

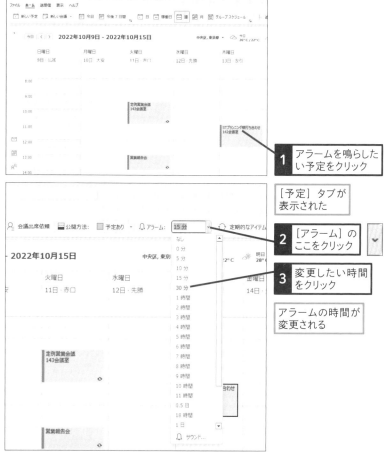

1 アラームを鳴らしたい予定をクリック

[予定] タブが表示された

2 [アラーム] のここをクリック

3 変更したい時間をクリック

アラームの時間が変更される

085

Q アラームが鳴る既定の時間を変更するには

2021 365
お役立ち度 ★★★

A Outlookのオプションで
[アラームの既定値] を変更します

予定を登録すると開始の15分前にアラームが鳴るように設定されています。予定が多くなってくると15分間隔でアラームが鳴っても対応が追い付かなくなってきます。そんなときは既定のアラーム間隔を変更しましょう。8時間前くらいに通知するように設定しておくと、朝Outlookを開くとその日の予定がアラーム一覧に表示されます。

ワザ008を参考に、[Outlookのオプション]
ダイアログボックスを表示しておく

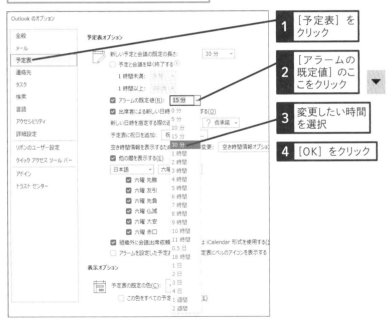

1 [予定表] を
クリック

2 [アラームの
既定値] のこ
こをクリック

3 変更したい時間
を選択

4 [OK] をクリック

第**4**章 予定の管理もスムーズに！予定表のテクニック

086

Q 今月の予定を確認したい

2021 365
お役立ち度 ★★★

A [ホーム] タブの [月] ボタンをクリックします

予定表の表示形式を [月] にすると紙のカレンダーと同じようにひと月の予定を確認できます。[日] 形式や [稼働日] 形式、[週] 形式の場合は予定が時間単位で表示されるのに対して [月] 形式ではその日の枠に予定が表示されるので、予定の有無を確認する際に利用すると便利です。

1 [ホーム] タブをクリック

2 [月] をクリック

📅 月

選択中の月の予定が表示された

関連 082 自分の稼働日を設定しておくには ▶ P.124

関連 088 終了していない予定を確認するには ▶ P.130

087

Q 予定の時間を15分刻みで
表示するには

2021 365
お役立ち度 ★★

A [表示] タブの [タイムスケール] で
設定します

[タイムスケール] を使うと [日] ビューなどの目盛り幅を変更できます。細かな単位で確認できるため、短い予定がたくさんある場合などに利用しましょう。目盛りの単位は5分から60分までの間で調整が可能です。初期設定では30分単位の表示になっています。なお表示形式が [月] になっている場合は設定変更できません。

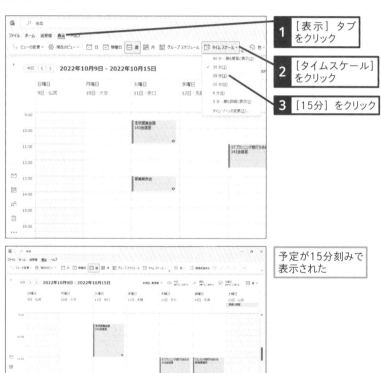

1 [表示] タブ
をクリック

2 [タイムスケール]
をクリック

3 [15分] をクリック

予定が15分刻みで
表示された

関連
081 海外の時間を意識して予定を組むには ▶ P.123

088

Q 終了していない予定を
確認するには

お役立ち度 ★ ★

A ［アクティブ］ビューに切り替えます

［アクティブ］ビューを使うと今後の予定がすべて一覧表示されます。このビューでは開始時間順で並ぶため、次に空いている時間を簡単に調べることができます。このビューを表示しながら別の予定表に切り替えると、元のビューに戻ります。そのため確認したい予定表を最初に選んでからビューを選択しましょう。また［アクティブ］ビューでは複数の予定表を同時に表示できません。複数の予定表を表示したいときは［ホーム］タブの［今後7日間］で先の予定を確認します。

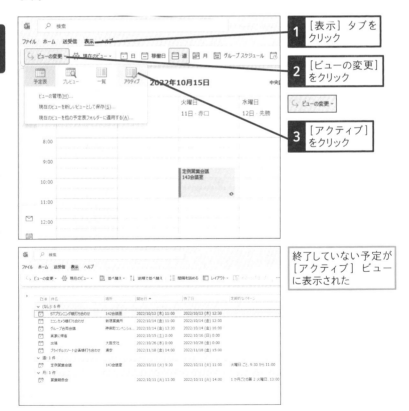

1 ［表示］タブをクリック

2 ［ビューの変更］をクリック

3 ［アクティブ］をクリック

終了していない予定が
［アクティブ］ビュー
に表示された

第4章 予定の管理もスムーズに！予定表のテクニック

089

Q 予定を探したい

2021 365
お役立ち度 ★★★

A [検索ボックス] から予定を検索できます

予定はWeb検索と同様にフリーワードで検索できます。検索された予定をダブルクリックして開くと、予定の詳細を確認できます。既定では検索ボックスに文字を入力するときに選択している予定表から検索が行われます。すべての予定表から検索を行いたい場合、検索する文字を入力する前に [現在のフォルダー] をクリックして [すべての予定表アイテム] に変更しておきましょう。

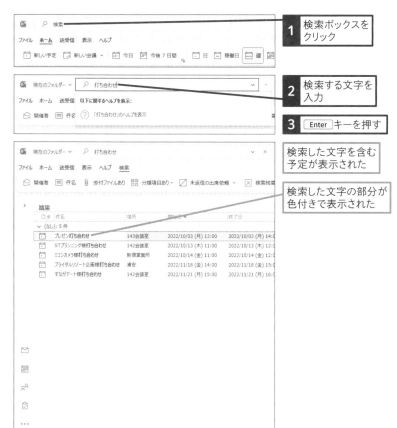

1 検索ボックスをクリック

2 検索する文字を入力

3 Enter キーを押す

検索した文字を含む予定が表示された

検索した文字の部分が色付きで表示された

第4章 予定の管理もスムーズに！予定表のテクニック

でき る 131

090

Q 特定の開催者の予定を絞り込みたい

2021 365
お役立ち度 ★ ★

A 検索結果を［開催者］で絞り込みます

さまざまな会議に参加していると会議の優先順位を付けて参加を調整する必要が出てきます。そういった場合は会議の開催者などを絞り込み、参加要否を再検討しましょう。ほかにも開催場所や添付ファイルの有無、件名などからも絞り込みが可能です。

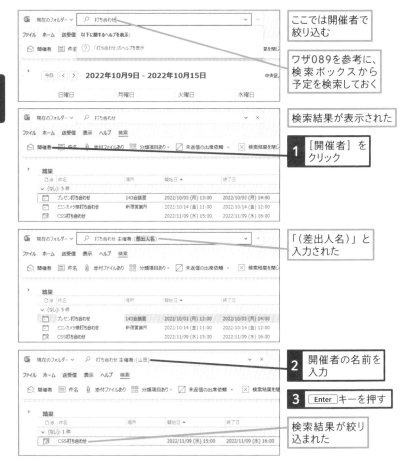

ここでは開催者で絞り込む

ワザ089を参考に、検索ボックスから予定を検索しておく

検索結果が表示された

1 ［開催者］をクリック

「（差出人名）」と入力された

2 開催者の名前を入力

3 Enter キーを押す

検索結果が絞り込まれた

091

Q 予定表を印刷するには

A [ファイル] タブの [印刷] から
[月間スタイル] を選択して印刷します

予定表の印刷は [月間スタイル] が便利です。このスタイルにしておけば一般的なカレンダーのように利用できます。毎月初めに印刷しておき、予定の変更があるたびに手書きで修正していけば、月のうちにどれだけ予定が変わったのか分かります。

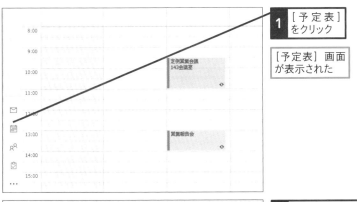

1 [予定表]
をクリック

[予定表] 画面
が表示された

2 [ファイル] タブを
クリック

第4章 予定の管理もスムーズに！予定表のテクニック

次のページに続く →

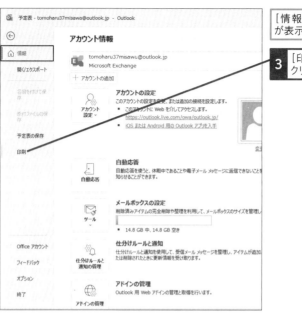

［情報］の画面
が表示された

3 ［印刷］を
クリック

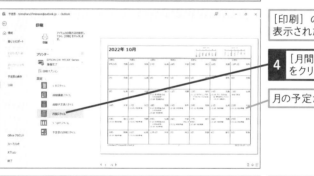

［印刷］の画面が
表示された

4 ［月間スタイル］
をクリック

月の予定が表示された

予定表 - tomoharu37misawa@outlook.jp - Outlook

印刷

アイテムの印刷方法を指定し
てから、［印刷］をクリックしま
す。

5 ［印刷］をクリック

2022年 10月

プリンター

EPSON EW-M530F Series

ショート
カットキー　［印刷］画面を表示
Ctrl + P

第 5 章

連絡先の登録と
タスクの管理

連絡先の登録を行うことで誤送信を未然に防ぎましょう。タスク機能は作業漏れを防ぐための最適な手段です。これらの機能を使いこなし、ミスを起こさない作業環境を実現しましょう。

092

Q 連絡先画面の主な構成を
知りたい

A 登録した連絡先の情報を
さまざまな表示形式で確認できます

メールソフトの連絡先は、メールアドレスと名前があればいいと思われがちです。しかし、Outlookの連絡先に住所を入力しておけば会社の地図を表示でき、Webページを設定しておけばブログサイトなどを表示できるので、メール以外でも活用できます。データも複数登録でき、メールアドレスは3個まで、電話番号は4個まで登録が可能です。また、単票での表示以外に、カード形式や電話帳表示といった、用途に合わせた表示にできることも特徴の1つです。

◆リボン
連絡先に関するさまざまな機能のボタンがタブごとに整理されている

◆閲覧ウィンドウ
表示形式が［連絡先］の場合、ビューで選択した連絡先情報が表示される

メールアドレスが登録されていれば、クリックしてすぐにメールを作成できる

◆連絡先
［連絡先］をクリックすると、連絡先の一覧がビューに表示される

◆ビュー
連絡先が一覧で表示される。［表示］タブの［ビューの変更］で［名刺］［カード］［一覧］などの表示形式に切り替えられる

関連
113 タスクビューの種類って?　　　　　▶ P.162

093

Q 新しい連絡先を作成したい

動画で見る

2021 365
お役立ち度 ★ ★ ★

A [新しい連絡先] をクリックします

連絡先には氏名、メールアドレスのほかに勤務先情報、電話番号、住所などが登録できます。メモ欄には「友人」といった連絡先との関わりを追記しておくと、キーワードで検索したときに見つけやすくなります。なお、画面解像度が低い場合、画面の右と下が見切れることがあります。全部の情報を入力したいときはウィンドウを最大化しておきましょう。

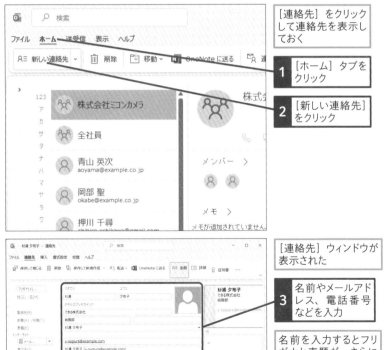

[連絡先] をクリックして連絡先を表示しておく

1 [ホーム] タブをクリック

2 [新しい連絡先] をクリック

[連絡先] ウィンドウが表示された

3 名前やメールアドレス、電話番号などを入力

名前を入力するとフリガナと表題が、さらにメールアドレスを入力すると表示名が自動で入力される

第5章 連絡先の登録とタスクの管理

次のページに続く→

できる 137

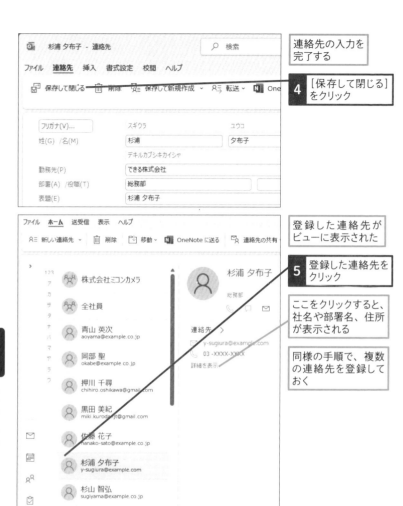

連絡先の入力を
完了する

4 [保存して閉じる]
をクリック

登録した連絡先が
ビューに表示された

5 登録した連絡先を
クリック

ここをクリックすると、
社名や部署名、住所
が表示される

同様の手順で、複数
の連絡先を登録して
おく

アイテム数: 19

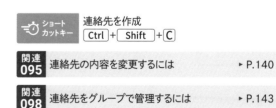

ショート
カットキー

連絡先を作成
Ctrl + Shift + C

関連 095	連絡先の内容を変更するには	▶ P.140

関連 098	連絡先をグループで管理するには	▶ P.143

第5章 連絡先の登録とタスクの管理

094

Q 連絡先とアドレス帳って何が違うの?

2021 365
お役立ち度 ★★

A アドレス帳は連絡先に登録した個人情報が一覧表示されます

アドレス帳とは連絡先に登録した情報に加え、Outlook.comや一般法人向けのMicrosoft 365で用意されたメールアドレス一覧が追加されたものです。一般法人向けのMicrosoft 365を利用すると、会議室のほか、プロジェクターやホワイトボードといった会議用の機材などの情報も管理できます。

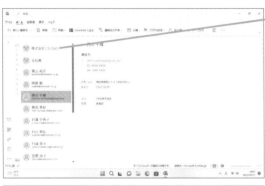

◆連絡先
会社や住所、電話番号、メールアドレスなど複数の情報を登録・管理できる

◆アドレス帳
連絡先に登録した情報が一覧で表示される

会議室などの情報も管理できる

第5章 連絡先の登録とタスクの管理

095 Q 連絡先の内容を変更するには

2021 365
お役立ち度 ★ ★ ★

A 連絡先をダブルクリックして
内容を編集します

登録した人のメールアドレスや役職などが変わったら内容を更新しておきましょう。後で更新するときは忘れないように、[タスク] 機能を活用して更新期限を決めておくことをお薦めします。編集画面から直接メールを送りたいときは [ホーム] タブにある […] をクリックして [コミュニケーション] の [電子メール] ボタンをクリックします。

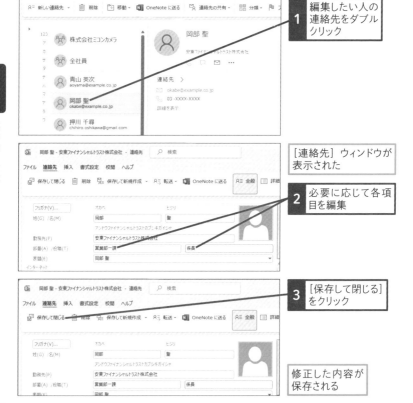

連絡先を表示しておく

1 編集したい人の連絡先をダブルクリック

[連絡先] ウィンドウが表示された

2 必要に応じて各項目を編集

3 [保存して閉じる] をクリック

修正した内容が保存される

第5章 連絡先の登録とタスクの管理

096

Q メールから連絡先を登録するには

2021 365
お役立ち度 ★★★

A 受信したメールから連絡先を登録できます

まだ連絡先に登録していない人からメールが来たら、以下の手順で連絡先を登録します。メールから連絡先を作成すれば、メールアドレスの誤入力も防げます。

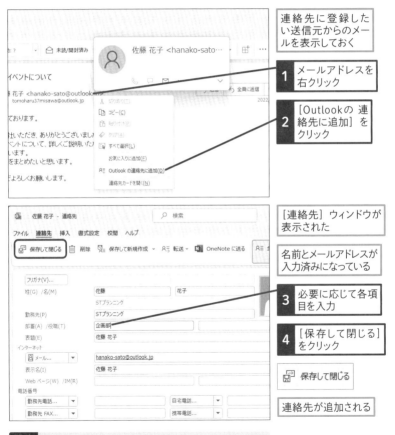

連絡先に登録したい送信元からのメールを表示しておく

1 メールアドレスを右クリック

2 [Outlookの連絡先に追加]をクリック

[連絡先] ウィンドウが表示された

名前とメールアドレスが入力済みになっている

3 必要に応じて各項目を入力

4 [保存して閉じる]をクリック

連絡先が追加される

関連 101	連絡先からメールを送りたい	▶ P.147
関連 102	連絡先のメンバーを会議に招待したい	▶ P.149

第5章 連絡先の登録とタスクの管理

097

Q アドレス帳を表示するには

A 連絡先やメール作成画面で表示できます

メールや会議の依頼を送るときは、連絡先よりもアドレス帳を活用します。なお、連絡先とアドレス帳で異なる情報を載せた場合、アドレス帳の内容で上書きされ、連絡先のメモ欄に更新情報が入力されます。

●連絡先から表示する場合

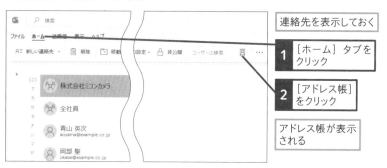

連絡先を表示しておく

1 [ホーム] タブをクリック

2 [アドレス帳] をクリック

アドレス帳が表示される

●メール作成画面で表示する場合

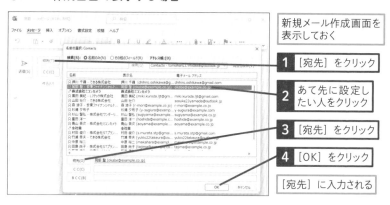

新規メール作成画面を表示しておく

1 [宛先] をクリック

2 あて先に設定したい人をクリック

3 [宛先] をクリック

4 [OK] をクリック

[宛先] に入力される

関連
094 連絡先とアドレス帳って何が違うの? ▶ P.139

第5章 連絡先の登録とタスクの管理

098

Q 連絡先をグループで
管理するには

2021 365
お役立ち度 ★★★

A [新しい連絡先グループ] を
クリックします

プロジェクトメンバーなどを連絡先グループにまとめておくと、一括でメンバーにメールを送れます。登録する連絡先にはメールアドレスが必要です。なお、連絡先グループにはフリガナは設定できません。

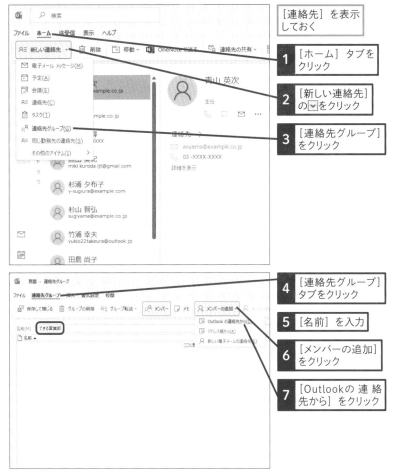

[連絡先] を表示しておく

1 [ホーム] タブをクリック

2 [新しい連絡先]の▼をクリック

3 [連絡先グループ]をクリック

4 [連絡先グループ]タブをクリック

5 [名前] を入力

6 [メンバーの追加]をクリック

7 [Outlookの連絡先から] をクリック

次のページに続く ➡

第5章 連絡先の登録とタスクの管理

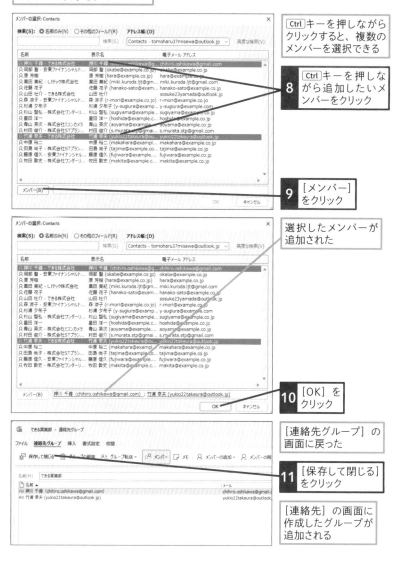

[メンバーの選択] ダイアログ
ボックスが表示された

Ctrl キーを押しながら
クリックすると、複数の
メンバーを選択できる

8 Ctrl キーを押しな
がら追加したいメ
ンバーをクリック

9 [メンバー]
をクリック

選択したメンバーが
追加された

10 [OK] を
クリック

[連絡先グループ] の
画面に戻った

11 [保存して閉じる]
をクリック

[連絡先] の画面に
作成したグループが
追加される

ショート
カットキー
連絡先グループを作成
Ctrl + Shift + L

第
5
章

連絡先の登録とタスクの管理

144 **できる**

099 Q 連絡先グループに メンバーを追加するには

A [連絡先グループ] ウィンドウで メンバーを追加できます

[メンバーの追加] をクリックした後に [新しい電子メールの連絡先] をクリック すると、メールアドレスだけを登録した連絡先を作成できます。

メンバーを追加したい連絡先グループをダブルクリック して [連絡先グループ] ウィンドウを表示しておく

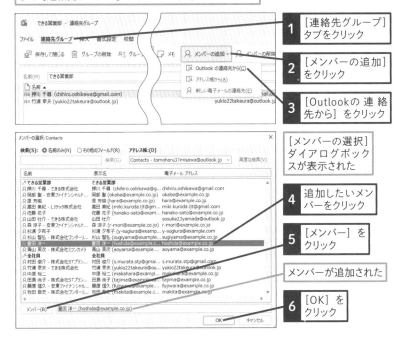

1 [連絡先グループ] タブをクリック

2 [メンバーの追加] をクリック

3 [Outlookの 連 絡 先から] をクリック

[メンバーの選択] ダイアログボックス が表示された

4 追加したいメン バーをクリック

5 [メンバー] を クリック

メンバーが追加された

6 [OK] を クリック

第5章 連絡先の登録とタスクの管理

関連 096 メールから連絡先を登録するには ▶ P.141

関連 101 連絡先からメールを送りたい ▶ P.147

関連 102 連絡先のメンバーを会議に招待したい ▶ P.149

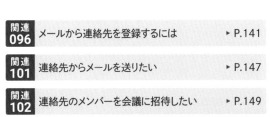

100

Q 連絡先を検索したい

2021 365
お役立ち度 ★★

A 検索ボックスで検索できます

表示名だけでなく、部署名や住所など、すべての情報から検索できます。名前が出てこないときは会社名などほかの情報で検索してみましょう。

[連絡先]を表示しておく

1 検索ボックスをクリック

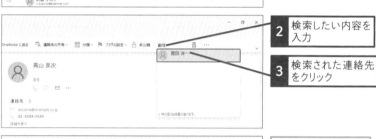

2 検索したい内容を入力

3 検索された連絡先をクリック

入力した検索内容に該当する連絡先が表示された

Q 連絡先からメールを送りたい

2021 365
お役立ち度 ★★★

A 連絡先を使えばメールアドレスの入力を
省いてメールを送信できます

登録されたアドレスでメールを作成できるので、手入力してあて先の入力を間違える、といった失敗が起こりません。そのため連絡先にはメールアドレスを積極的に登録しておきましょう。メールのアイコンの横にある吹き出しのアイコンを利用するとTeamsやSkypeからチャットを送れます。ただし、これらのチャット機能を使うには、Microsoft 365を利用している必要があります。

●メールアイコンをクリックしてメールを作成

[連絡先] を表示しておく

1 メールを送信したい
連絡先をクリック

2 メールのアイコンを
クリック

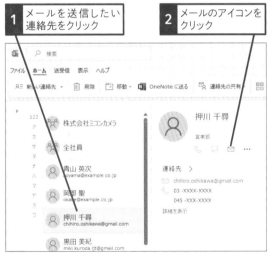

[メッセージ] ウィンドウが表示された

選択した連絡先のメールアドレスが [宛先] に入力された

次のページに続く→

第5章 連絡先の登録とタスクの管理

●ナビゲーションバーに連絡先をドラッグしてメールを作成

[連絡先] を表示
しておく

メールを送信した
い連絡先をナビ
ゲーションバーの
[メール] までド
ラッグ **1**

[メッセージ] ウィンド
ウが表示された

ドラッグした連絡先の
メールアドレスが [宛
先] に入力された

第5章 連絡先の登録とタスクの管理

102

Q 連絡先のメンバーを
会議に招待したい

2021 365
お役立ち度 ★★★

A [ホーム] タブの [会議] を
クリックします

会議を開催する場合はメンバーの招集から始まります。会議のメンバーは連絡
先から選ぶと簡単です。連絡先のメモ欄に特技や専門領域などを記載しておく
と、会議のメンバーを選択するときに役に立ちます。[会議] ウィンドウが開く
と [必須] の欄に招待者が表示されています。必要に応じて [必須] の欄に表
示されている招待者を [任意] の欄にドラッグすることもできます。

[連絡先] を表示しておく

1 [ホーム] タブをクリック

2 会議に招待したいメンバーの
連絡先をクリック

3 […] をクリック

4 [会議] をクリック

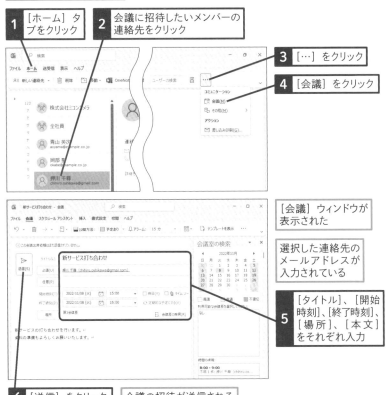

[会議] ウィンドウが
表示された

選択した連絡先の
メールアドレスが
入力されている

5 [タイトル]、[開始
時刻]、[終了時刻]、
[場所]、[本文]
をそれぞれ入力

6 [送信] をクリック

会議の招待が送信される

第5章 連絡先の登録とタスクの管理

103

Q タスク画面の主な構成を知りたい

2021 365
お役立ち度 ★★★

A 下図で名称と機能を確認しましょう

「タスク」とは、一定の期間内に処理するべき作業のことです。Outlookの[タスク]機能は、期限や進捗状況、優先度などタスク管理に必要なさまざまな項目を設定できます。例えば[達成率]を利用するとどのくらいの量まで完了できたのか確認できます。[達成率]に達成状況を更新することで、作業の進捗状況と総作業量を別の人に伝えるような使い方も可能です。また、フォルダーウィンドウから[フォルダーの作成]をクリックして新しいフォルダーを作成すると、複数のタスクリストを同時に扱えます。フォルダーを作成し、タスクをプロジェクトごとにまとめておくと、作業を管理しやすくなります。

◆リボン
タスクに関するさまざまな機能のボタンがタブごとに整理されている

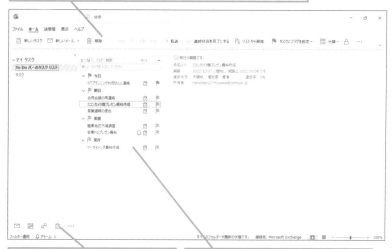

◆タスク
[タスク]をクリックすると、To Doバーのタスクリストが表示される。マウスポインターを合わせると、タスクがプレビューに表示される

◆ビュー
タスクの一覧が表示される。初期表示は対応日ごとに並んだ[To Doバーのタスクリスト]ビューとなっている。[表示]タブの[ビューの変更]からさまざまな表示形式に変更することができる

第5章 連絡先の登録とタスクの管理

104

Q 新しいタスクを
作成するには

動画で見る

2021 365
お役立ち度 ★★★

A [タスク] ウィンドウとビューから
作成する方法があります

期限が長いタスクを作成すると作業内容が分かりにくくなり作業時間の割り振りが難しくなります。そのため、タスクは1日から1週間の間で期限を切れるように作成するとよいでしょう。期限を決めておくと実際に作業するときに優先順位を決めやすくなります。タスクは複数のタスクをまとめるタスクリストで管理します。初期状態では [To Doバーのタスクリスト] と [タスク] の2つが用意されます。[To Doバーのタスクリスト]はすべてのタスクが表示されます。[To Doバーのタスクリスト] ビューで登録したタスクの開始日と期限日は、入力した日の日付が自動で設定されます。そのほかのタスクリストでは開始日や期限日は[なし]となり、個別設定が必要となるので注意しましょう。

● [タスク] 画面から作成する

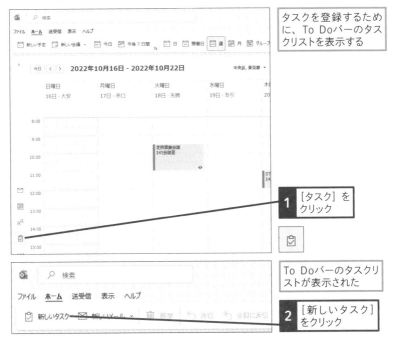

タスクを登録するために、To Doバーのタスクリストを表示する

1 [タスク] をクリック

To Doバーのタスクリストが表示された

2 [新しいタスク] をクリック

第5章

連絡先の登録とタスクの管理

次のページに続く→

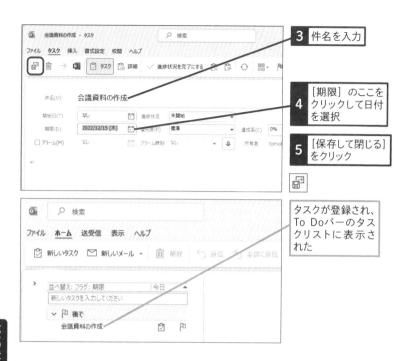

3 件名を入力

4 [期限]のここをクリックして日付を選択

5 [保存して閉じる]をクリック

タスクが登録され、To Doバーのタスクリストに表示された

●ビューから作成する

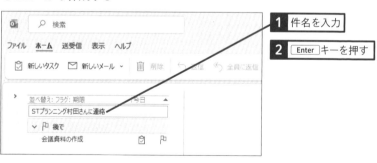

1 件名を入力

2 Enter キーを押す

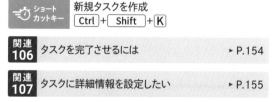

ショートカットキー 新規タスクを作成
Ctrl + Shift + K

関連
106 タスクを完了させるには　　　　　　　　▶P.154

関連
107 タスクに詳細情報を設定したい　　　　　　▶P.155

105 Q タスクの内容を変更したい

2021 365
お役立ち度 ★★★

A [タスク] ウィンドウで変更します

設定したタスクはこまめに見直すようにしましょう。タスクが予定よりも早く終わったら、[進捗状況] を [完了] に、日程が変更になったら [期限] を修正します。最新の状況に更新しておくことで作業の優先度や空き時間が把握しやすくなり、実際に作業を行う時間を決めやすくなります。また、タスクには達成率も入力できます。残りの作業量を把握するために、作業を行った際は必ず更新しておきましょう。

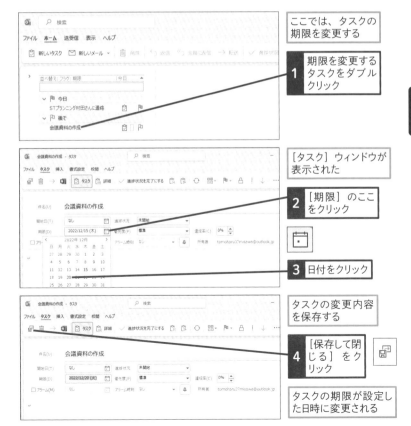

ここでは、タスクの期限を変更する

1 期限を変更するタスクをダブルクリック

[タスク] ウィンドウが表示された

2 [期限] のここをクリック

3 日付をクリック

タスクの変更内容を保存する

4 [保存して閉じる] をクリック

タスクの期限が設定した日時に変更される

第5章 連絡先の登録とタスクの管理

できる 153

106 Q タスクを完了させるには

2021 365
お役立ち度 ★ ★ ★

A 進行状況を完了にします

タスクが終わったら完了をさせておきましょう。完了したタスクは取り消し線が引かれ、[To Doバーのタスクリスト]ビューに表示されなくなります。[達成率]を100％にしてもタスクが完了したことになります。

●[進捗状況を完了にする]をクリックする

タスクをクリックして選択しておく

1 [進捗状況を完了にする]をクリック

●ビューからタスクを完了させる

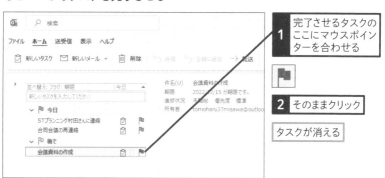

1 完了させるタスクのここにマウスポインターを合わせる

2 そのままクリック

タスクが消える

関連 112	完了したタスクを元に戻すには	▶ P.161

関連 113	タスクビューの種類って？	▶ P.162

第5章 連絡先の登録とタスクの管理

107

Q タスクに詳細情報を設定したい

2021 365
お役立ち度 ★★★

A [タスク] ウィンドウの [詳細] ボタンをクリックします

この画面では予測時間や実働時間のほか、経費情報を入力できます。これらを入力しておくことで、タスク完了後に作業や課題の振り返りが行いやすくなります。また、[勤務先名] や [経費情報] を [詳細] ビューに表示することで、勤務先や経費情報で検索でき、経費精算の依頼もまとめやすくなります。

詳細情報を設定したいタスクをダブルクリックして、
[タスク] ウィンドウを表示しておく

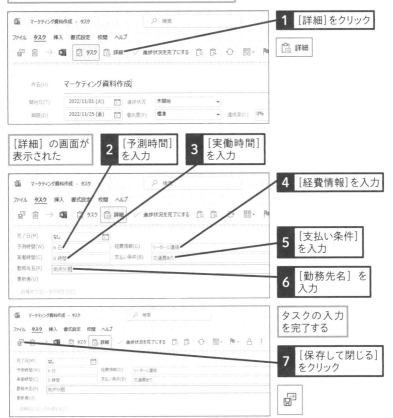

1 [詳細]をクリック

2 [予測時間]を入力

3 [実働時間]を入力

4 [経費情報]を入力

5 [支払い条件]を入力

6 [勤務先名]を入力

タスクの入力を完了する

7 [保存して閉じる]をクリック

108

Q タスクにアラームを設定したい

2021 365
お役立ち度 ★★★

A [タスク] ウィンドウの [アラーム] にチェックマークを付けます

タスクにアラームを設定すると、期限当日に通知が表示されます。期限前にアラームを設定しておけば、時間の掛かるタスクでも対応漏れを防げます。アラームは予定表のアラームと同様に時間になるとアラームウィンドウが表示されます。

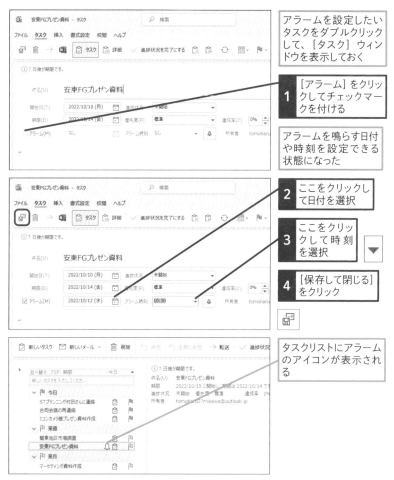

アラームを設定したいタスクをダブルクリックして、[タスク] ウィンドウを表示しておく

1 [アラーム] をクリックしてチェックマークを付ける

アラームを鳴らす日付や時刻を設定できる状態になった

2 ここをクリックして日付を選択

3 ここをクリックして時刻を選択

4 [保存して閉じる] をクリック

タスクリストにアラームのアイコンが表示される

109 Q メールの内容を素早く タスク化するには

2021 365
お役立ち度 ★★★

A タスク化するメールをナビゲーション バーの [タスク] にドラッグします

メールにフラグを立てるとタスクとして管理できますが、メール本文の更新は行えません。以下の方法ではタスクの内容を編集できるため、タスクの詳細をタスク本文に入力できます。メールの本文からタスクが推測できないときに利用するとよいでしょう。

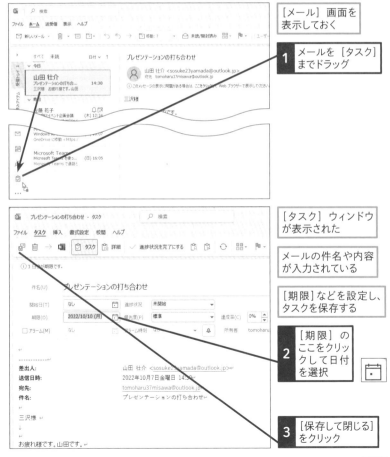

[メール] 画面を
表示しておく

1 メールを [タスク]
までドラッグ

[タスク] ウィンドウ
が表示された

メールの件名や内容
が入力されている

[期限]などを設定し、
タスクを保存する

2 [期限] の
ここをクリッ
クして日付
を選択

3 [保存して閉じる]
をクリック

110

Q 毎週行っているタスクを
入力したい

動画で見る

2021 365
お役立ち度 ★★★

A [タスク] ウィンドウで [定期的なアイテム]
ボタンをクリックします

週報の作成など、毎週決まったタイミングで発生するタスクは、[定期的なアイテム] として登録しましょう。ほかにも週だけでなく毎月、毎年などの間隔でも設定可能です。定期的なタスクは直近の1回分のみが登録されます。次々回のタスクは進捗状況を完了にした後に作成されます。

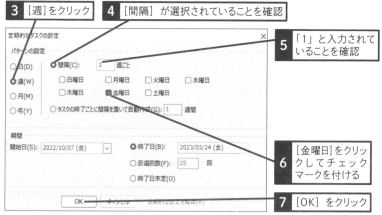

ここでは、毎週金曜日に行う週報の提出を定期的なタスクとして登録する

ワザ104を参考に、新しいタスクを作成し、[タスク] ウィンドウを表示しておく

1 件名を入力

2 [定期的なアイテム] をクリック

[定期的なタスクの設定] ダイアログボックスが表示された

3 [週]をクリック

4 [間隔] が選択されていることを確認

5 「1」と入力されていることを確認

6 [金曜日]をクリックしてチェックマークを付ける

7 [OK] をクリック

第5章 連絡先の登録とタスクの管理

158 **できる**

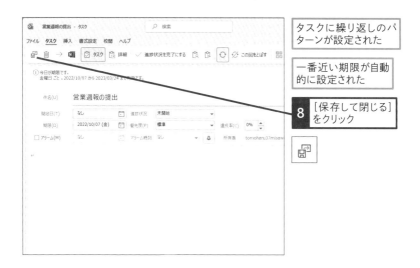

タスクに繰り返しのパターンが設定された

一番近い期限が自動的に設定された

8 [保存して閉じる]をクリック

●定期的なタスクを1回だけキャンセルする

定期的なタスクをダブルクリックして、[タスク]ウィンドウを表示しておく

1 [この回をとばす]をクリック

関連 107	タスクに詳細情報を設定したい	▶ P.155
関連 108	タスクにアラームを設定したい	▶ P.156
関連 109	メールの内容を素早くタスク化するには	▶ P.157
関連 111	1日の作業量を決めておくには	▶ P.160

111 Q 1日の作業量を 決めておくには

2021 365
お役立ち度 ★ ★ ★

A [Outlookのオプション] で 1日の稼働時間を設定できます

1日に作業可能な時間を決めると、1日に行える作業量の目安が分かります。初期設定では1日の稼働時間は8時間となっています。一般的には6時間から10時間の間で設定しておくとよいでしょう。

ここでは、1日あたりの稼働時間を10時間に設定する	ワザ008を参考に、[Outlookのオプション] ダイアログボックスを表示しておく

1 [タスク] をクリック

2 [1日あたりの稼働時間] に「10」を入力

3 [OK] をクリック

ワザ107を参考に、[タスク] ウィンドウの [詳細] 画面を表示しておく

4 [予測時間] に「10」と入力

5 Enter キーを押す

「1日」と表示された

第5章 連絡先の登録とタスクの管理

112

Q 完了したタスクを
元に戻すには

2021 365
お役立ち度 ★★★

A [タスクリスト] ビューから
戻すことができます

進捗状況を [完了] にしたタスクはビューに表示されなくなります。[完了] にしたタスクに表示されるチェックマークをはずすと、完了日が [日付なし] のタスクとしてフラグが設定されます。タスクに追加作業が生じた場合などで元に戻すときは、元々設定した期限内にタスクが終えられるか確認しましょう。

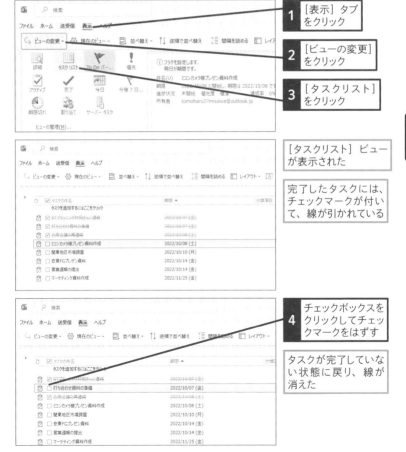

	操作説明
1	[表示] タブをクリック
2	[ビューの変更] をクリック
3	[タスクリスト] をクリック

[タスクリスト] ビューが表示された

完了したタスクには、チェックマークが付いて、線が引かれている

	操作説明
4	チェックボックスをクリックしてチェックマークをはずす

タスクが完了していない状態に戻り、線が消えた

113 Q タスクビューの種類って?

2021 365
お役立ち度 ★ ★ ★

A タスクを状態別に分けたときの表示方法です

タスクは [期限切れ] や [完了] など、「状態」を持っています。「状態」はタスクの進捗状況や、タスクの期日までの日数などで変わります。この状態を区分けしたものがタスクのビューです。

●主なタスクのビューの種類

アイコン	ビュー	機能
アクティブ	アクティブ	完了していないタスクのうち延期されていないタスクが表示される
今後7日…	今後7日	期限が7日以内のタスクが表示される
期限切れ	期限切れ	期限が過ぎたタスクが表示される
割り当て	割り当て	ほかの人に依頼したタスクが表示される
詳細	詳細	すべてのタスクが表示される
To Do バー…	To Doバー	完了していないタスクが表示される

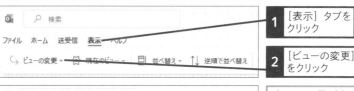

1 [表示] タブをクリック

2 [ビューの変更] をクリック

ビューの一覧が表示された

第5章 連絡先の登録とタスクの管理

第 6 章

ビジネスで
Outlookを快適に
使う応用ワザ

Outlookは個人用途でも活用できますが、その機
能を最大限に活用できるのはビジネスの場です。こ
の章ではコラボレーションを中心に、ビジネスに役
立つ内容を解説します。

114

Q プロジェクト単位で
メールを管理したい

2021 365
お役立ち度 ★ ★

A グループを使えばプロジェクト単位で
メールを管理できます

Microsoft 365の法人契約ではグループを作成すると50GBのメールボックスを
追加料金なしで使えます。

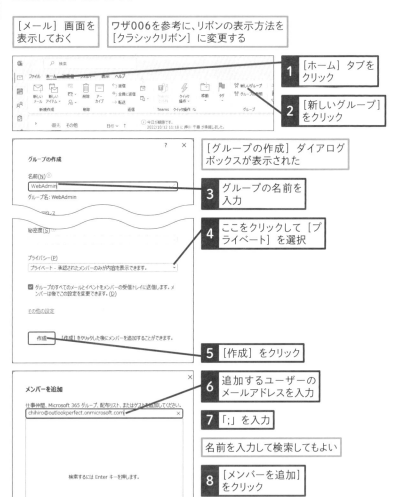

| [メール] 画面を表示しておく | ワザ006を参考に、リボンの表示方法を[クラシックリボン] に変更する |

1 [ホーム] タブをクリック

2 [新しいグループ]をクリック

[グループの作成] ダイアログボックスが表示された

3 グループの名前を入力

4 ここをクリックして [プライベート] を選択

5 [作成] をクリック

6 追加するユーザーのメールアドレスを入力

7 「;」を入力

名前を入力して検索してもよい

8 [メンバーを追加]をクリック

115

Q グループにメンバーを追加したい

2021 365
お役立ち度 ★ ★

A グループの画面から追加できます

メールアドレスを入力しメンバーを追加すると、追加したメンバーもグループあてに来たメールを読めます。また [Microsoft 365管理センター] で組織外のユーザーもグループに追加できるように設定することも可能です。その場合Microsoft 365ライセンスを持っていない組織外のメンバーには受信されたメールが転送されます。

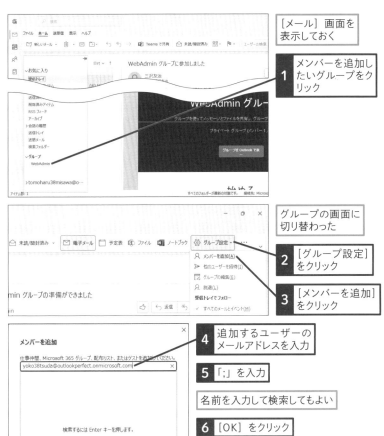

[メール] 画面を表示しておく

1 メンバーを追加したいグループをクリック

グループの画面に切り替わった

2 [グループ設定] をクリック

3 [メンバーを追加] をクリック

4 追加するユーザーのメールアドレスを入力

5 「;」を入力

名前を入力して検索してもよい

6 [OK] をクリック

メンバーを追加

仕事仲間、Microsoft 365 グループ、配布リスト、またはゲストを追加してください。

yoko38tsuda@outlookperfect.onmicrosoft.com

検索するには Enter キーを押します。

116 Q グループを削除するには

2021 365
お役立ち度 ★★★

A グループの画面から削除できます

第6章 ビジネスでOutlookを快適に使う応用ワザ

グループはメールだけでなく、法人向けMicrosoft 365のほかのサービスでも共通して利用されています。マイクロソフトの情報連携ツール「Teams」やファイル共有ツールの「SharePoint」を利用している場合、それらのグループも一緒に削除されるので注意しましょう。

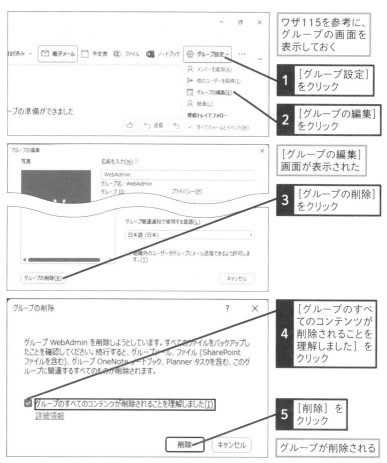

ワザ115を参考に、グループの画面を表示しておく

1 [グループ設定]をクリック

2 [グループの編集]をクリック

[グループの編集]画面が表示された

3 [グループの削除]をクリック

4 [グループのすべてのコンテンツが削除されることを理解しました]をクリック

5 [削除]をクリック

グループが削除される

117

Q グループ全体にメールを送るには

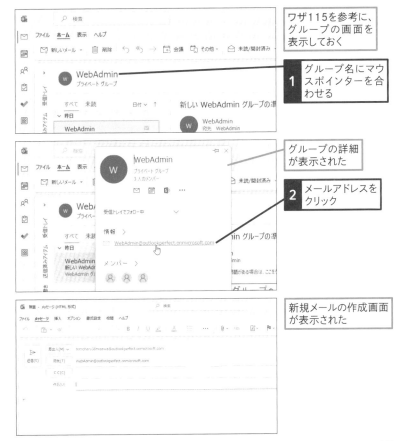

2021 365
お役立ち度 ★★★

A グループごとに割り当てられた
メールアドレスにメールを送ります

グループのメールアドレスは作成時のグループIDにメールドメインを付けたもの
が設定されます。なお、組織外からメールを受信できるようにするにはグルー
プの設定変更が必要です。ワザ115を参考にグループの編集画面を表示し、[組
織外のユーザーがグループにメール送信できるよう許可します]をクリックして
チェックマークを入れましょう。

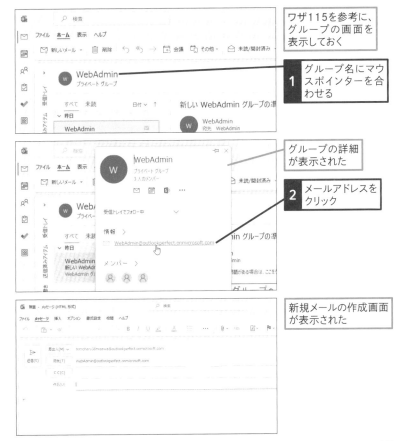

ワザ115を参考に、グループの画面を表示しておく

1 グループ名にマウスポインターを合わせる

グループの詳細が表示された

2 メールアドレスをクリック

新規メールの作成画面が表示された

118

Q 予定表を共有するには

動画で見る

A [予定表プロパティ] 画面で 共有相手を追加します

第6章

ビジネスでOutlookを快適に使う応用ワザ

一般法人向けのMicrosoft 365導入時は組織全員に予定表の情報が共有されるように設定されています。一部の相手にのみ予定情報を共有したい場合、予定表一覧から予定表を右クリックすると表示される [予定表のアクセス権] をクリックします。表示された画面で [My Organization] の [アクセス許可レベル] を [なし] または [自分の空き時間情報の表示が可能] に設定した上で以下の手順で予定表を共有しましょう。逆に組織内で予定表の共有が行われている場合は特定の人に予定を開示しないようにすることも可能です。共有の設定を変更すると共有する内容が変更されたことが共有相手に届きます。なお、Outlook 2021では [共有] - [予定表のアクセス権] から呼び出します。ワザ120を参考に共有相手を追加してください。

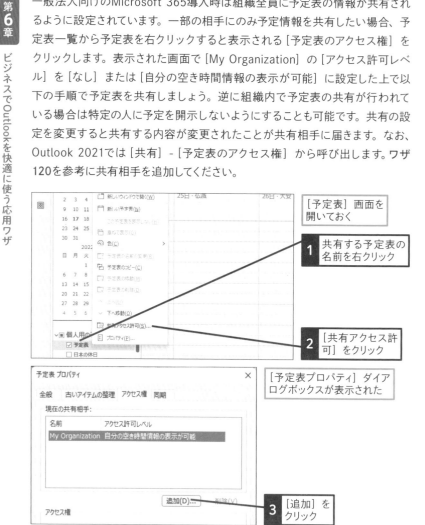

[予定表] 画面を開いておく

1 共有する予定表の名前を右クリック

2 [共有アクセス許可] をクリック

[予定表プロパティ] ダイアログボックスが表示された

3 [追加] をクリック

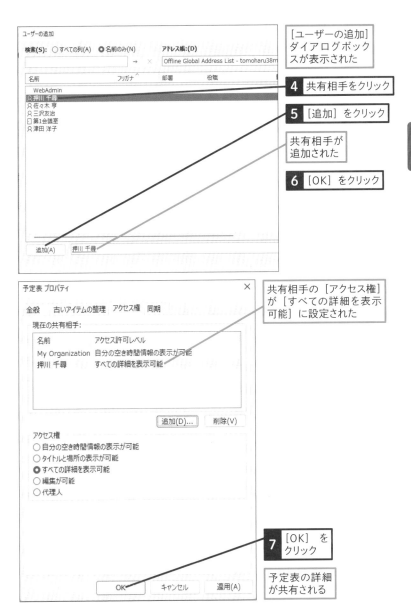

ユーザーの追加

検索(S): ○すべての列(A) ●名前のみ(N)　　アドレス帳:(D)
　　　　　　　　　　　　　　→　 ×　 Offline Global Address List - tomoharu38m

名前	フリガナ	部署	役職
WebAdmin			
押川 千尋			
佐々木 亨			
三沢友治			
第1会議室			
津田 洋子			

追加(A)　　押川 千尋

[ユーザーの追加]
ダイアログボック
スが表示された

4 共有相手をクリック

5 [追加] をクリック

共有相手が
追加された

6 [OK] をクリック

予定表 プロパティ　　　　　　　　　　　　　　×

全般　古いアイテムの整理　アクセス権　同期

現在の共有相手:

名前	アクセス許可レベル
My Organization	自分の空き時間情報の表示が可能
押川 千尋	すべての詳細を表示可能

追加(D)...　　削除(V)

アクセス権
○ 自分の空き時間情報の表示が可能
○ タイトルと場所の表示が可能
● すべての詳細を表示可能
○ 編集が可能
○ 代理人

OK　　キャンセル　　適用(A)

共有相手の [アクセス権]
が [すべての詳細を表示
可能] に設定された

7 [OK] を
クリック

予定表の詳細
が共有される

関連
120　予定表の共有相手を追加したい　　　　　▶ P.171

119 Q 予定表の共有を解除したい

A [予定表プロパティ] 画面で
共有を解除します

共有状態を解除したい場合は共有相手に断りを入れてから [削除] ボタンを押しましょう。共有のアクセス権が削除された場合、[予定表プロパティ] ダイアログボックスにある [My Organization]（Outlook 2021では [既定]）のアクセス権が適用されます。

[My Organization] が [自分の空き時間情報の表示が可能] の場合、空き時間は引き続き共有されることを覚えておきましょう。Outlook 2021では [予定表プロパティ] 画面が異なり、アクセス権グループの [読み取り] ラジオボタンを変更することでアクセス権の変更を行います。

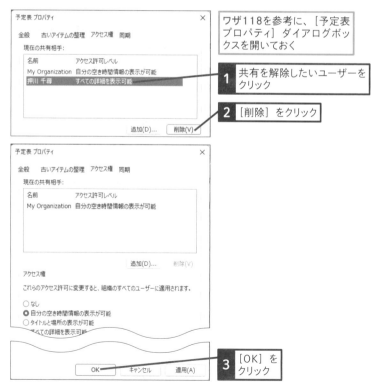

予定表 プロパティ ×

全般　古いアイテムの整理　アクセス権　同期

現在の共有相手:

名前	アクセス許可レベル
My Organization	自分の空き時間情報の表示が可能
押川 千尋	すべての詳細を表示可能

追加(D)...　削除(V)

> ワザ118を参考に、[予定表プロパティ] ダイアログボックスを開いておく

1 共有を解除したいユーザーをクリック

2 [削除] をクリック

予定表 プロパティ ×

全般　古いアイテムの整理　アクセス権　同期

現在の共有相手:

名前	アクセス許可レベル
My Organization	自分の空き時間情報の表示が可能

追加(D)...　削除(V)

アクセス権

これらのアクセス許可に変更すると、組織のすべてのユーザーに適用されます。

○ なし
● 自分の空き時間情報の表示が可能
○ タイトルと場所の表示が可能
○ すべての詳細を表示可能

OK　キャンセル　適用(A)

3 [OK] をクリック

第6章 ビジネスでOutlookを快適に使う応用ワザ

120

Q 予定表の共有相手を追加したい

2021 365
お役立ち度 ★★★

A [予定表プロパティ]画面で共有相手を追加します

ユーザーを選択した後に付与する権限を選びます。付与する内容の詳細はワザ121を参照ください。予定表が共有されたことは共有相手に通知されないため、口頭などメール以外の手段で共有したことを伝えられるときに利用するとよいでしょう。

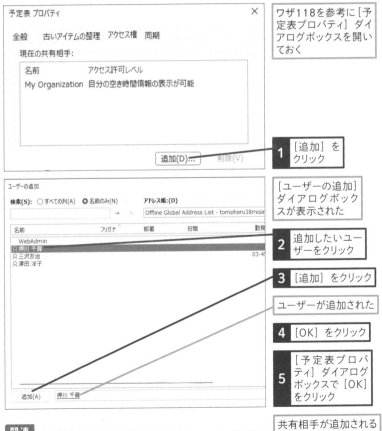

ワザ118を参考に[予定表プロパティ]ダイアログボックスを開いておく

1 [追加]をクリック

[ユーザーの追加]ダイアログボックスが表示された

2 追加したいユーザーをクリック

3 [追加]をクリック

ユーザーが追加された

4 [OK]をクリック

5 [予定表プロパティ]ダイアログボックスで[OK]をクリック

共有相手が追加される

関連 125 みんなの空き時間に予定を入れるには ▶ P.176

2021 365
お役立ち度 ★ ★

A 表示させたい項目に応じて
細かく設定できます

[アクセス許可レベル] は細かなアクセス権をまとめたテンプレートです。[アクセス許可レベル] には予定のない時間を表示する [自分の空き時間情報の表示が可能]、空き時間と件名と場所を表示する [タイトルと場所の表示が可能]、詳細をすべて開示する [すべての詳細を表示可能] などがあります。[My Organization]（Outlook 2021では [既定]）のアクセス権を変更すると、組織全体に公開している予定表の公開状況を変更できます。Outlook 2021には予定表では利用しないフォルダーなどの概念が表示されていますが行えることは一緒です。

●Microsoft 365の [予定表プロパティ] ダイアログボックス

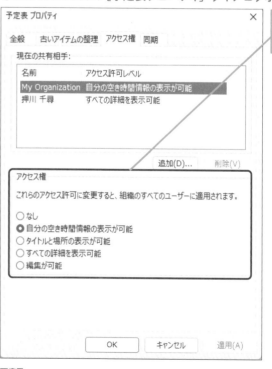

◆アクセス権
アクセス許可の権限を
レベルごとに設定できる

122

Q 予定表の共有を知らせる
メールが届いたら

2021 365
お役立ち度 ★ ★ ★

A 共有された予定表を
メールから開くことができます

メールが届いたときには相手の予定表を確認するアクセス権が付いています。
共有された予定表は [予定表] 画面のフォルダーウインドウ内にある [共有の予
定表] から開けます。次回からは直接 [予定表] 画面からアクセスしましょう。

第6章

ビジネスでOutlookを快適に使う応用ワザ

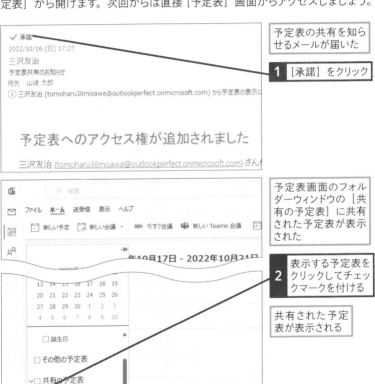

予定表の共有を知ら
せるメールが届いた

1 [承諾] をクリック

予定表画面のフォル
ダーウィンドウの [共
有の予定表] に共有
された予定表が表示
された

2 表示する予定表を
クリックしてチェッ
クマークを付ける

共有された予定
表が表示される

関連 125	みんなの空き時間に予定を入れるには	▶ P.176

関連 126	共有された予定表に予定を設定したい	▶ P.179

Q 予定表の共有を知らせる
メールが届かない！

2021 365
お役立ち度 ★ ★

A ユーザーを指定して
予定表を表示できます

すでに共有されていた場合など、共有を知らせるメールが届かなくても予定を確認できる場合があります。この手順で予定表が開けた場合、組織の管理者が組織内のスタッフの予定表を見られるように設定している可能性があります。詳細が表示されないときは共有してほしい相手に依頼し、ワザ120の方法で個別に追加してもらいましょう。

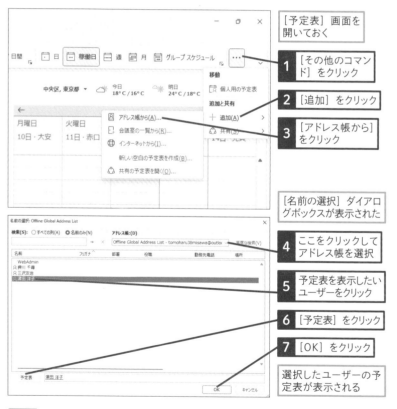

[予定表] 画面を
開いておく

1 [その他のコマンド] をクリック

2 [追加] をクリック

3 [アドレス帳から] をクリック

[名前の選択] ダイアログボックスが表示された

4 ここをクリックしてアドレス帳を選択

5 予定表を表示したいユーザーをクリック

6 [予定表] をクリック

7 [OK] をクリック

選択したユーザーの予定表が表示される

関連 120 予定表の共有相手を追加したい　　▶ P.171

124

Q 予定表をまとめて
管理するには

2021 365
お役立ち度 ★★★

A 予定表グループを使えば
まとめて管理できます

予定表の共有が増えてきたら [予定表グループ] を作っておくと、表示の切り替えが簡単になります。フォルダーウィンドウの [個人の予定表] を右クリックすることで [新しい予定表グループ] の作成が行えます。

[予定表] 画面を
開いておく

1 [個人の予定表]
を右クリック

2 [新しい予定表グループ]
をクリック

予定表グループが
作成された

3 グループ名を入力

ワザ123を参考に、グループに追加したいユーザーの予定表を表示し、予定表グループにユーザーの予定表をドラッグするとグループに予定表を追加できる

125 ❓ みんなの空き時間に予定を入れるには

2021　365
お役立ち度 ★★★

🅰 予定表グループを利用します

第6章 ビジネスでOutlookを快適に使う応用ワザ

予定表を重ねて表示することで関係者の空き時間を確認しながら予定を設定できます。予定に参加する人数が5名以内の場合はこの方法が簡単です。5名を超えると [予定表] 画面が [グループスケジュール] ビュー以外の表示ができないため、ビューを使い分けたい場合に備え、[予定表グループ] は自分を含め5名以内で作成するとよいでしょう。

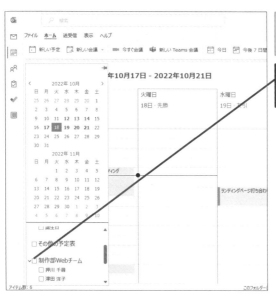

ワザ124を参考に、予定表グループを作成しておく

1 予定表グループをクリックしてチェックマークを付ける

🏛 役立つ豆知識

Outlookのデザインはトレンドに沿って更新される

Microsoft 365 ではOSの更新時や新機能の提供開始時などに画面デザインが更新されていきます。「OutlookをはじめとするOfficeアプリは統一されたデザイン設計であるべき」という理由から行われている更新ですが、この第8章の画面は今後更新される予定のデザインとなっています。この画面と見た目が異なる場合は近日中に更新されるので待ちましょう。

予定表グループの全員の予定表が表示された

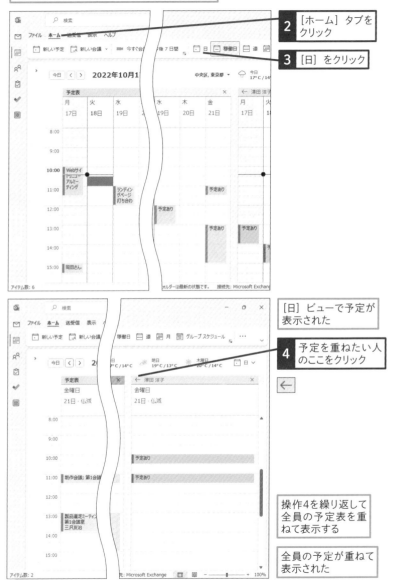

2 [ホーム] タブをクリック

3 [日] をクリック

[日] ビューで予定が表示された

4 予定を重ねたい人のここをクリック

操作4を繰り返して全員の予定表を重ねて表示する

全員の予定が重ねて表示された

次のページに続く→

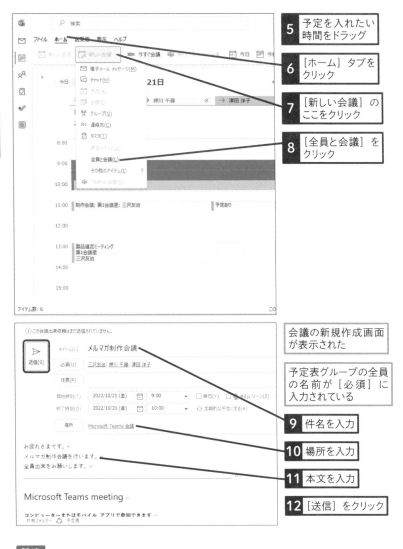

5 予定を入れたい時間をドラッグ

6 [ホーム] タブをクリック

7 [新しい会議] のここをクリック

8 [全員と会議] をクリック

会議の新規作成画面が表示された

予定表グループの全員の名前が [必須] に入力されている

9 件名を入力

10 場所を入力

11 本文を入力

12 [送信] をクリック

126

Q 共有された予定表に予定を設定したい

お役立ち度 ★★

A 権限があれば共有された予定表に予定を追加できます

共有された予定表には直接予定を設定できます。予定の登録は選択中の予定表に対して行われます。[新しい予定] をクリックする前に設定したい予定表が選択されているかどうかを忘れずに確認しておきましょう。予定を設定する権限がない場合は、ワザ121を参考に相手に権限を設定してもらいます。

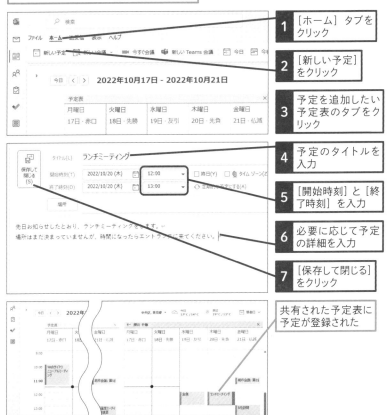

[予定表] 画面を開き、予定を設定したい共有された予定表を選択しておく

1 [ホーム] タブをクリック

2 [新しい予定] をクリック

3 予定を追加したい予定表のタブをクリック

4 予定のタイトルを入力

5 [開始時刻] と [終了時刻] を入力

6 必要に応じて予定の詳細を入力

7 [保存して閉じる] をクリック

共有された予定表に予定が登録された

第6章 ビジネスでOutlookを快適に使う応用ワザ

127

Q 空き時間を
自動で調整したい

A スケジュールアシスタントで
空き時間を調整します

組織内で会議を招集するときは出席者の空き時間を確認し、自動で空き時間
を示してくれる [スケジュールアシスタント] を利用しましょう。会議の出席者と
会議室を選択しておくと、空き時間を自動的に探し出してくれます。右側に表示
された [会議室の検索] ウインドウでも [スケジュールアシスタント] と同様に
時間の候補が表示されます。使いやすい方を選んで利用しましょう。会議室は
管理者が事前にMicrosoft 365管理センターから登録しておく必要があります。
[自動選択] では、必須の出席者の予定が合うパターンや全員の予定が合うパ
ターンなど複数の方法から選ぶことができます。

[予定表] 画面を開いておく

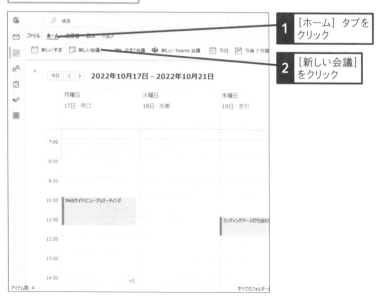

1 [ホーム] タブを
クリック

2 [新しい会議]
をクリック

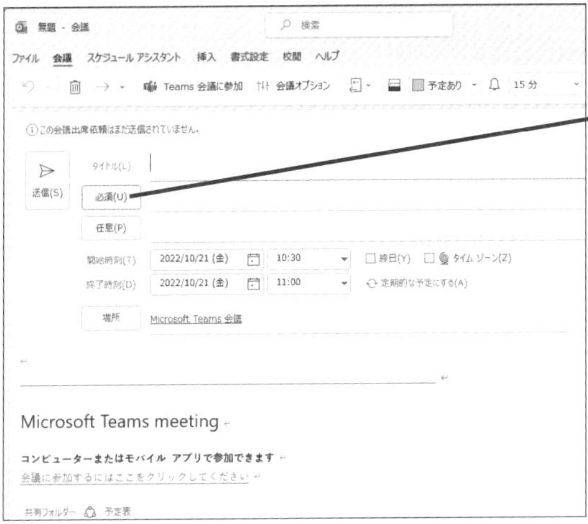

会議の新規作成画面が表示された

3 [必須] をクリック

[出席者とリソースの選択] ダイアログボックスが表示された

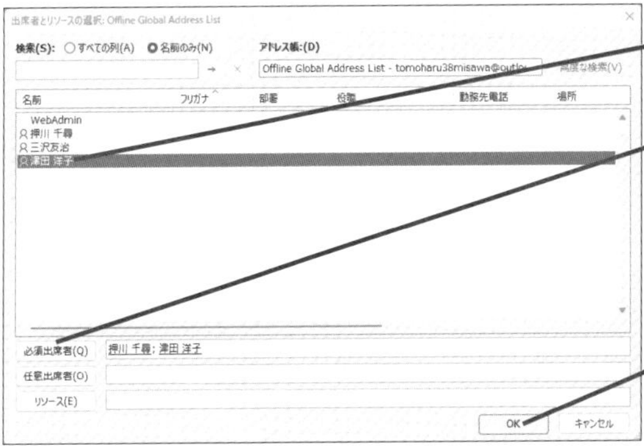

4 参加させたいユーザーをクリック

5 [必須出席者] をクリック

6 操作4〜5を繰り返して参加させたいユーザーを選択

7 [OK] をクリック

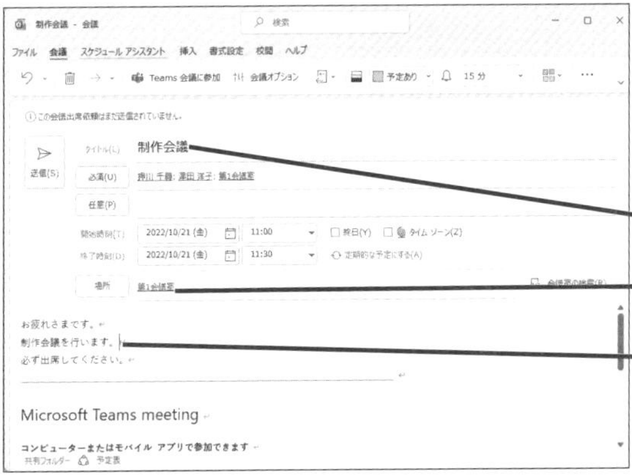

会議の新規作成画面に戻った

選択した出席者が表示されている

8 [タイトル] を入力

9 [場所] を入力

10 [本文] を入力

次のページに続く→

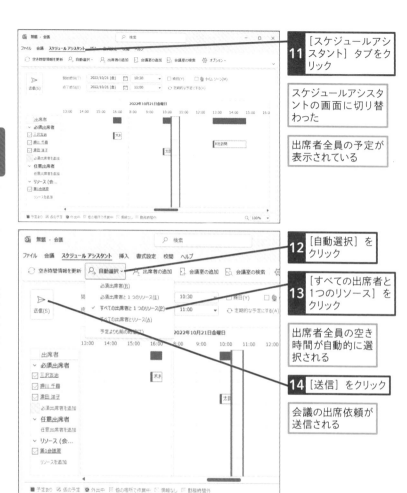

11 [スケジュールアシスタント] タブをクリック

スケジュールアシスタントの画面に切り替わった

出席者全員の予定が表示されている

12 [自動選択] をクリック

13 [すべての出席者と1つのリソース] をクリック

出席者全員の空き時間が自動的に選択される

14 [送信] をクリック

会議の出席依頼が送信される

関連
118 予定表を共有するには　　　　　　　　► P.168

関連
125 みんなの空き時間に予定を入れるには　► P.176

関連
128 会議室の空き状況も一緒に確認するには　► P.183

関連
130 Teamsを使ったビデオ会議を招集するには　► P.186

動画で見る

128

Q 会議室の空き状況も一緒に確認するには

2021 365
お役立ち度 ★ ★ ★

A スケジュールアシスタントで会議室の空き状況も確認できます

Exchange Onlineでは複数人が同時に会議に参加することも想定しているため、会議室やプロジェクターといった備品を予約する[リソース]機能が追加されています。法人向けのメールサービスとなるExchange Onlineは一般ユーザーとは別にExchange Onlineの全体設定を管理する「管理者」が設定の大半を担っています。管理者は組織の情報システム部門が担当することが多いです。会議室は予約順で利用が確定していくため、空いていれば自動的に予約されます。

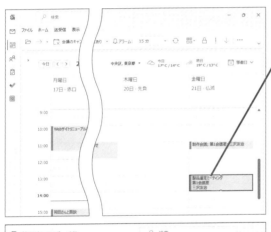

[予定表]画面を表示しておく

1 作成済みの会議をダブルクリック

会議の詳細画面が開いた

2 [スケジュールアシスタント]タブをクリック

スケジュールアシスタントの画面に切り替わった

3 [会議室の追加]をクリック

次のページに続く→

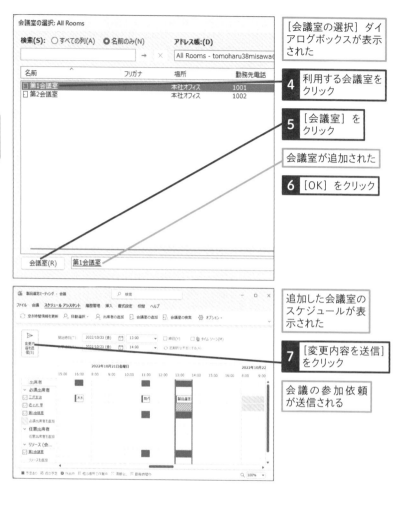

[会議室の選択] ダイアログボックスが表示された

4 利用する会議室をクリック

5 [会議室] をクリック

会議室が追加された

6 [OK] をクリック

追加した会議室のスケジュールが表示された

7 [変更内容を送信] をクリック

会議の参加依頼が送信される

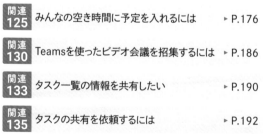

129

Q 会議のメンバーを
後から変更するには

2021 365
お役立ち度 ★★★

A スケジュールアシスタントで
変更できます

会議のメンバーを変更したときは会議の招集を再度行いましょう。会議依頼を
変更した人だけに送るか全員に送り直すか選べますが、出席と思っていた人が
来ないなどトラブルが発生するため、基本的には出席者全員に送るようにしま
しょう。

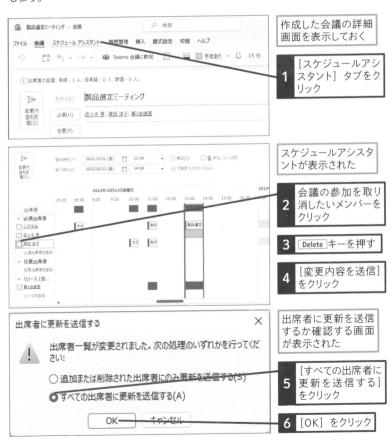

作成した会議の詳細
画面を表示しておく

1 [スケジュールアシ
スタント] タブをク
リック

スケジュールアシスタ
ントが表示された

2 会議の参加を取り
消したいメンバーを
クリック

3 Delete キーを押す

4 [変更内容を送信]
をクリック

出席者に更新を送信
するか確認する画面
が表示された

5 [すべての出席者に
更新を送信する]
をクリック

6 [OK] をクリック

会議のメンバーが変更される

130

Q Teamsを使った
ビデオ会議を招集するには

お役立ち度 ★ ★ ★

A Teamsアドオンから会議を作成します

Outlookで会議を設定する際、会議室に空きがない場合や同じ場所に集まれないときはオンライン会議を設定するとよいでしょう。オンライン会議を活用すれば、相手の所在や打ち合せ前の移動時間を考慮する必要がなくなります。設定した会議時間になるとOutlookから通知が来るので、通知をクリックしてTeamsを開き会議に参加しましょう。この会議招集を利用するには一般法人向けのMicrosoft 365に含まれる有料版のTeamsが必要です。

第6章 ビジネスでOutlookを快適に使う応用ワザ

予定表を表示しておく

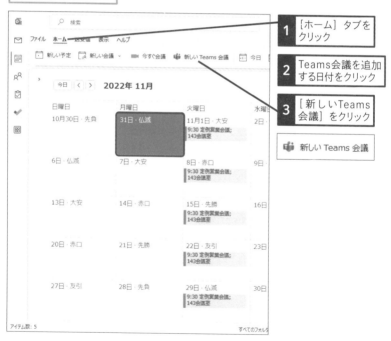

1 [ホーム] タブをクリック

2 Teams会議を追加する日付をクリック

3 [新しいTeams会議] をクリック

📢 新しい Teams 会議

[会議] ウィンドウが
表示された

ワザ075を参考に、
あて先のメールアド
レスやメッセージを
入力しておく

4 [送信] をクリック

第
6
章

ビジネスでOutlookを快適に使う応用ワザ

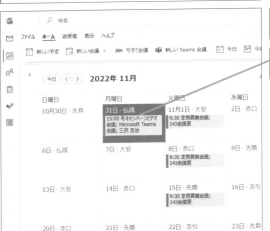

Teams会議の出席
依頼が送信された

予定表にTeams会議
の予定が追加された

関連
131 Outlookからビデオ会議に参加するには　　► P.188

できる 187

131

Q Outlookからビデオ会議に参加するには

A 登録された予定からTeamsを起動します

OutlookもしくはTeamsを常時起動にしておくと、会議の時間に通知が届きます。Outlookだけが起動していた場合は自動的にTeamsが起動し、会議参加画面が表示されます。

第6章 ビジネスでOutlookを快適に使う応用ワザ

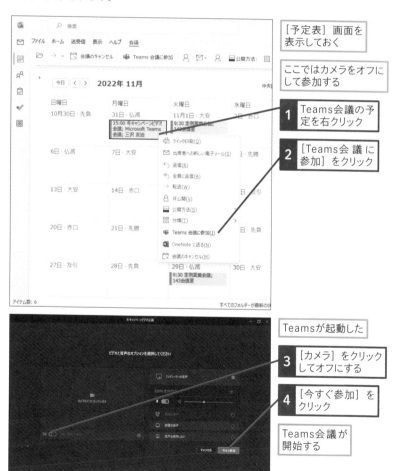

[予定表] 画面を表示しておく

ここではカメラをオフにして参加する

1 Teams会議の予定を右クリック

2 [Teams会議に参加] をクリック

Teamsが起動した

3 [カメラ] をクリックしてオフにする

4 [今すぐ参加] をクリック

Teams会議が開始する

132

Q アラームからビデオ会議に参加したい

A アラーム画面で [オンラインで参加] を
クリックします

会議作成時にアラームを設定しておくとアラームから会議に参加できます。どの
参加方法をとっても同じ会議となるため、どれか1つの方法を覚えておけば問題
ありません。

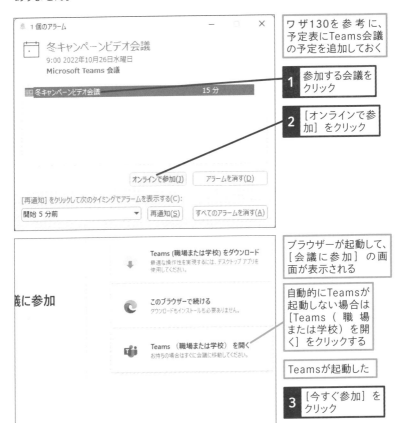

ワザ130を参考に、
予定表にTeams会議
の予定を追加しておく

1 参加する会議を
クリック

2 [オンラインで参加] をクリック

オンラインで参加(J)　アラームを消す(D)

[再通知] をクリックして次のタイミングでアラームを表示する(C):

開始 5 分前　　　▼　再通知(S)　すべてのアラームを消す(A)

ブラウザーが起動して、
[会議に参加] の画
面が表示される

Teams (職場または学校) をダウンロード
最適な操作性を実現するには、デスクトップ アプリを
使用してください。

このブラウザーで続ける
ダウンロードもインストールも必要ありません。

自動的にTeamsが
起動しない場合は
[Teams (職場
または学校) を開
く] をクリックする

Teams (職場または学校) を開く
お持ちの場合はすぐに会議に移動してください。

Teamsが起動した

3 [今すぐ参加] を
クリック

プライバシーと Cookie　サード パーティの情報開示

関連
127　空き時間を自動で調整したい　　　▶ P.180

133

2021 365
お役立ち度 ★★★

A [タスクの共有] をクリックします

第6章

ビジネスでOutlookを快適に使う応用ワザ

タスクの共有を行うと共有相手にすべてのタスクを開示できます。[このメッセージの受信者からタスクフォルダーを表示する許可をもらう] にチェックを入れて送付すると、受信者に共有を促すことができます。

[タスク] 画面を表示しておく	ワザ006を参考に、リボンの表示方法を [クラシックリボン] に変更する

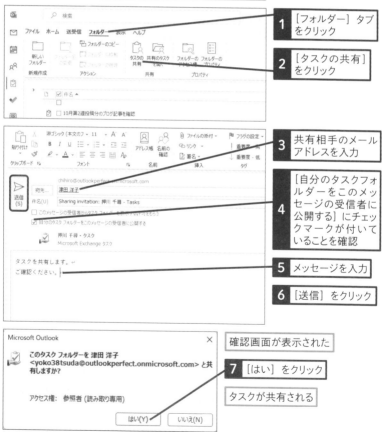

1 [フォルダー] タブをクリック

2 [タスクの共有] をクリック

3 共有相手のメールアドレスを入力

4 [自分のタスクフォルダーをこのメッセージの受信者に公開する] にチェックマークが付いていることを確認

5 メッセージを入力

6 [送信] をクリック

確認画面が表示された

7 [はい] をクリック

タスクが共有される

Microsoft Outlook ×

このタスク フォルダーを 津田 洋子
<yoko38tsuda@outlookperfect.onmicrosoft.com> と共有しますか?

アクセス権: 参照者 (読み取り専用)

はい(Y)　いいえ(N)

134

Q タスク一覧の共有を解除するには

365

お役立ち度 ★★

A [Tasksプロパティ] 画面で設定します

共有を解除すると共有先からタスクが確認できなくなります。共有時にはメールが送付されているため、削除前に連絡を行いましょう。

第6章 ビジネスでOutlookを快適に使う応用ワザ

[タスク] 画面を表示しておく	ワザ006を参考に、リボンの表示方法を [クラシックリボン] に変更する

1 [フォルダー] タブをクリック

2 [フォルダーのアクセス権] をクリック

[Tasksプロパティ] ダイアログボックスが表示された

3 [アクセス権] タブをクリック

4 共有を解除するユーザーをクリック

5 [削除] をクリック

選択したユーザーの共有が解除された

6 [OK] をクリック

できる **191**

135 Q タスクの共有を依頼するには

2021 **365**
お役立ち度 ★ ★

A [共有のタスクを開く] から依頼します

こちら側からタスクの共有を依頼する場合は以下の手順で操作します。アドレス帳を表示したら [アドレス帳] で [連絡先] を選択すると自分の連絡先から依頼相手を選択できます。

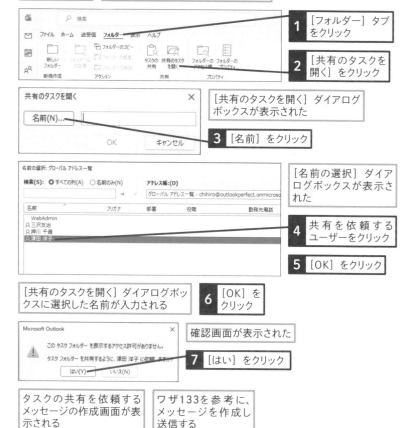

| [タスク] 画面を表示しておく | ワザ006を参考に、リボンの表示方法を [クラシックリボン] に変更する |

1 [フォルダー] タブをクリック

2 [共有のタスクを開く] をクリック

[共有のタスクを開く] ダイアログボックスが表示された

3 [名前] をクリック

[名前の選択] ダイアログボックスが表示された

4 共有を依頼するユーザーをクリック

5 [OK] をクリック

[共有のタスクを開く] ダイアログボックスに選択した名前が入力される

6 [OK] をクリック

Microsoft Outlook

このタスクフォルダーを表示するアクセス許可がありません。
タスクフォルダーを共有するように、津田 洋子 に依頼しますか?

はい(Y)　いいえ(N)

確認画面が表示された

7 [はい] をクリック

| タスクの共有を依頼するメッセージの作成画面が表示される | ワザ133を参考に、メッセージを作成し送信する |

第6章 ビジネスでOutlookを快適に使う応用ワザ

192 **できる**

第 7 章

外出先でも手軽に
チェック!
スマホアプリの
活用

Outlookはスマートフォンアプリも無料で提供され
ています。設定したスケジュールをいつでも確認す
ることができ、予定時間になる前に通知してくれま
す。スマートフォンアプリを活用して場所にとらわれ
ない情報連携を行いましょう。

136

Q スマートフォンにOutlookをインストールするには

2021 365

A 専用のアプリをインストールします

Outlookのスマートフォンアプリは「iPhone向け」と「Android向け」が用意されています。QRコードを読み取っていただくと、[App Store] と [Google Play] のサイトが表示されインストールできます。以降iPhoneでの操作を説明していますが、Androidでも基本的に同様の操作で実行できます。スマートフォンアプリは個人利用の範囲であれば無償で使えますが、商用利用する場合は一般法人向けのMicrosoft 365の契約が必要です。

▼iPhone

▼Android

●iPhoneでのインストール

ホーム画面を表示しておく

1 [App Store] をタップ

App Storeが起動した

2 画面下部の [検索] をタップ

第7章 外出先でも手軽にチェック！ スマホアプリの活用

194 できる

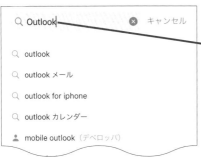

[検索] 画面が表示された

3 「Outlook」と入力

4 [search] をタップ

検索結果にOutlookの
アプリが表示された

5 [入手] をタップ

Microsoft Outlook
メールと予定表
★★★★☆

Outlookがインストール
される

137

Q スマートフォンでOutlookを利用するには

2021 365
お役立ち度 ★ ★ ★

A ホーム画面からOutlookを起動します

初めて利用するときはメールアドレスの設定が必要です。パソコン版と同じように複数のメールアドレスを管理できます。複数のメールアドレスを管理するときはよく使うメールアドレスを既定のメールアドレスに登録しておきましょう。左上のアイコンをタップすると左下に出る歯車マークから既定を変更できます。

職場または個人のメール アドレスを入力
してください

tomoharu31misawa@outlook.jp

アカウントの追加

新しいアカウントの作成

コンピューターで QR コードを使用してサインイン

プライバシーと Cookie

> ここではiPhoneの画面で
> 手順を解説する

> [Outlook] アプリをタップして
> 起動しておく

1 Microsoftアカウントの
メールアドレスを入力

2 [アカウントの
追加] をタップ

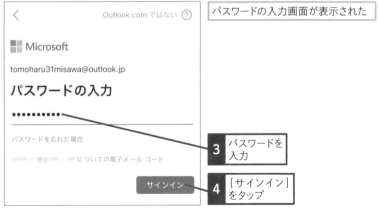

< Outlook.com ではない ⑦

■ Microsoft

tomoharu31misawa@outlook.jp

パスワードの入力

●●●●●●●●●●

パスワードを忘れた場合

についての電子メール コード

サインイン

> パスワードの入力画面が表示された

3 パスワードを
入力

4 [サインイン]
をタップ

関連 スマートフォンにOutlookを
136 インストールするには ▶ P.194

第7章 外出先でも手軽にチェック！ スマホアプリの活用

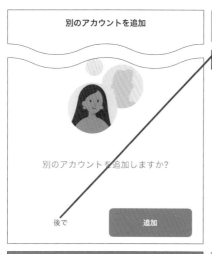

別のアカウントを追加

別のアカウントを追加するか
確認する画面が表示された

5 [後で] をクリック

別のアカウントを追加しますか?

後で　　　　　　　追加

T **受信トレイ** 🔔

優先　その他　　　　　　≡ フィルター

IB　impress Business NEWS　11:50
[IT Leaders ウィークリー]DXグランプリの中…

impress Business NEWS 2022/10/19 【IT L…

CI　CNET Insider　6:33
Which Dog Breed Is Best?
Dog lovers

S　s.murata30@outlook.jp
ご無沙汰しております。
このメッセージにはコンテンツがありません

✉ メール　　🔍 検索　　19 予定表

受信トレイが表示された

ここで予定表や検索の
画面を切り替えられる

● [Outlook] アプリの主な機能

アイコン	機能名	機能
✉	メール	メールの確認や新規メールの作成を行えます。未読のメールのみを表示するフィルター操作も可能です。
🔍	検索	メールや予定などを検索するときに利用します。連絡先やファイルの一覧、To Doの一部が表示されます。連絡先の作成はここから行います。
19	予定表	既定では3日分の予定が表示され、最大1か月分の予定を表示できます。スマートフォンアプリの予定は「イベント」と呼ばれます。

138 ❓ メールを送信するには

2021　365
お役立ち度 ★★★

🅐 [新しいメッセージ] の画面を表示します

複数のメールアドレスを登録している場合は送信ボタン左にあるメールアドレスの部分で選択変更できます。左下の予定表マークをタップと空き時間の送信が行えます。この機能を使うとあて先との予定調整が容易になります。

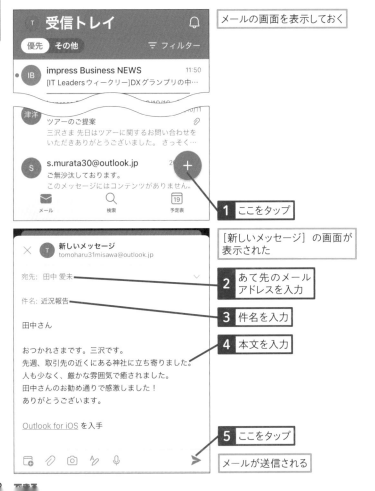

メールの画面を表示しておく

1 ここをタップ

[新しいメッセージ] の画面が表示された

新しいメッセージ
tomoharu31misawa@outlook.jp

宛先: 田中 愛未

2 あて先のメールアドレスを入力

件名: 近況報告

3 件名を入力

田中さん

4 本文を入力

おつかれさまです。三沢です。
先週、取引先の近くにある神社に立ち寄りました。
人も少なく、厳かな雰囲気で癒されました。
田中さんのお勧め通りで感激しました！
ありがとうございます。

Outlook for iOS を入手

5 ここをタップ

メールが送信される

139

Q 写真を添付するには

お役立ち度 ★ ★

A 写真をライブラリから選択します

スマートフォン内の写真を簡単に添付できます。ファイルを添付する場合もこの
ボタンを利用しましょう。添付した写真は本文中に表示されます。

ワザ138を参考に、メールを
作成しておく

1 ここをタップ

ファイルの添付

最後に撮影した写真を使用する

写真をライブラリから選択

添付するデータを選択する画面が
表示された

2 [写真をライブラリから
選択] をタップ

キャンセル　**写真**　アルバム　追加

Q 写真、ピープル、撮影地...

写真の一覧が表示された

3 写真を一覧から
選択してタップ

4 [追加] をタップ

メールに写真が添付される

140

Q メールを送ったときの
署名を変えたい

お役立ち度 ★★★

A [設定] 画面から署名を変更できます

初期設定の署名はOutlookの入手を促す内容が入るため、自分の情報に変更しておきましょう。署名はメールアドレスごとに設定できます。

第7章 外出先でも手軽にチェック！スマホアプリの活用

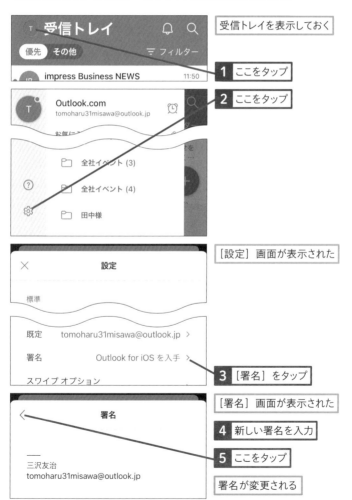

受信トレイを表示しておく

1 ここをタップ

2 ここをタップ

[設定] 画面が表示された

3 [署名] をタップ

[署名] 画面が表示された

4 新しい署名を入力

5 ここをタップ

署名が変更される

141

Q メールの通知を表示したい

お役立ち度 ★ ★ ★

A [設定] アプリで通知をオンにします

メールが届いたことがすぐに分かるように、通知機能をオンにしておきましょう。
カレンダーに設定した予定にも通知が有効になり、予定の時刻になったらメールと同様に通知されます。

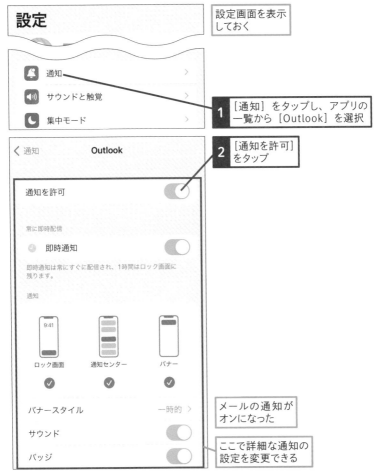

設定

設定画面を表示
しておく

🔔 通知 〉

🔊 サウンドと触覚 〉

🌙 集中モード 〉

1 [通知] をタップし、アプリの
一覧から [Outlook] を選択

〈 通知　　　Outlook

2 [通知を許可]
をタップ

通知を許可 ⬤

常に即時配信

🕐 即時通知 ⬤

即時通知は常にすぐに配信され、1時間はロック画面に
残ります。

通知

ロック画面	通知センター	バナー
9:41		
✓	✓	✓

バナースタイル 一時的 〉

サウンド ⬤

メールの通知が
オンになった

バッジ ⬤

ここで詳細な通知の
設定を変更できる

142

Q すべてのメールから
検索するには

お役立ち度 ★ ★ ★

A [検索] 画面で [すべてのアカウント] を
タップします

フリーワードでメールを探したいときは検索機能を利用しましょう。メールボックスを複数登録しておくと検索ボックスの右側に切り換えボタンが出ます。[すべてのアカウント] を選択するとOutlookのスマートフォンアプリに登録した全メールアドレスから検索を行います。検索範囲を絞りたいときはメールアドレスに紐づく名前を選択してください。

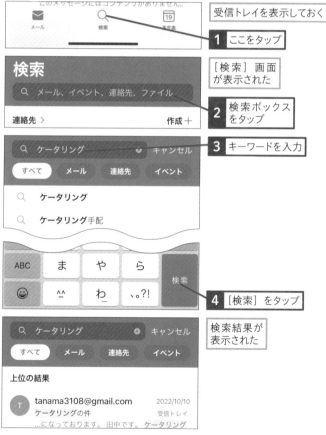

受信トレイを表示しておく

1 ここをタップ

[検索] 画面が表示された

2 検索ボックスをタップ

3 キーワードを入力

4 [検索] をタップ

検索結果が表示された

外出先でも手軽にチェック！スマホアプリの活用

143

Q スマートフォンで予定表を確認したい

お役立ち度 ★ ★ ★

A 1日単位、月単位などで確認できます

スマートフォンの予定機能はタイムラインではなく予定の一覧表示が既定の画面となっています。Outlookの予定表と同じように［1日］表示や［月］表示にするには、表示方法選択の画面で切り替えが必要です。なお、スマートフォンでは［稼働日］や［週］表示は行えません。複数日を確認したい場合は［3日］表示を利用してください。

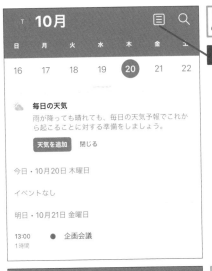

［予定表］をタップし予定表の画面を表示しておく

1 ここをタップ

表示方法を選択する画面が表示された

ここをタップして表示を切り替えることができる

第7章 外出先でも手軽にチェック！ スマホアプリの活用

144 ❓ 予定を登録するには

❗ **予定表の画面から登録できます**

予定の重複防止のため、打ち合わせが決まったらスマートフォンを取り出し、すぐに登録を行っておくように心がけましょう。複数の予定表を使い分けている場合、[新しいイベント]の下にある予定表名をタップすることで切り替えられます。

第7章 外出先でも手軽にチェック！スマホアプリの活用

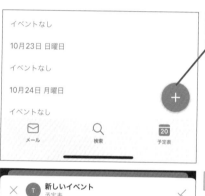

予定表の画面を表示しておく

1 ここをタップ

予定を登録する画面が表示された

2 予定の詳細を入力

3 ここをタップ

予定が登録される

× 🅣 **新しいイベント**
予定表

● 商品撮影

👥 連絡先 　　　　　　　　>

🕐 終日

日付　　　　　　　時間 (JST)
10月26日 (水)　　10:00 → 12:15
次の 水曜日　　　期間: 2時間 15分

🌐 タイム ゾーン 　　　　>

📍 場所 　　　　　　　　>

🅢 Skype 通話

145 Q 会議を設定したい

お役立ち度 ★★★

A 予定に出席者を設定すれば
会議となります

出席者が自分以外にいる予定を会議と呼びます。会議を設定するには連絡先から出席者を選択します。会議を設定すると、出席者全員にメールが送付されるので、会議設定は主催者が行うのがよいでしょう。

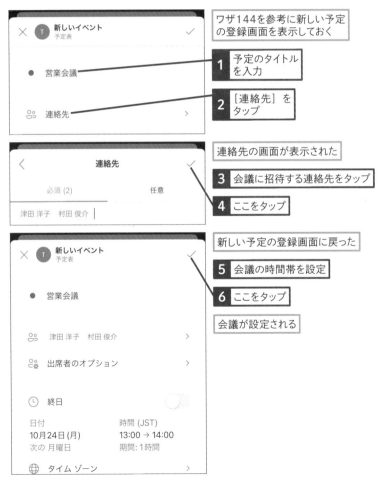

ワザ144を参考に新しい予定の登録画面を表示しておく

1 予定のタイトルを入力

2 [連絡先] をタップ

連絡先の画面が表示された

3 会議に招待する連絡先をタップ

4 ここをタップ

新しい予定の登録画面に戻った

5 会議の時間帯を設定

6 ここをタップ

会議が設定される

第7章 外出先でも手軽にチェック！スマホアプリの活用

できる 205

146

2021 365
お役立ち度 ★ ★ ★

A 終日のイベントと時間指定のイベントで
タイミングを変更できます

通知が行われるタイミングは既定ではイベントの場合15分前、終日イベントの
場合は1日前の9時となっています。終日のイベントの場合、通知が行われる時
間は9時固定となっており、通知タイミングの細かな修正はできません。通知は
スマートフォンの通知機能でお知らせしてくれるため、スマートフォン側で通知
が来るように設定しておきましょう。

第7章 外出先でも手軽にチェック！スマホアプリの活用

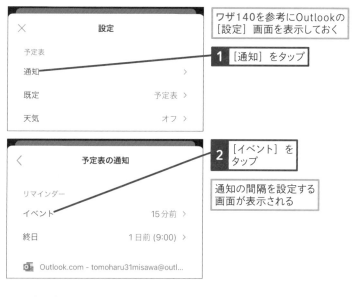

ワザ140を参考にOutlookの
[設定] 画面を表示しておく

1 [通知] をタップ

2 [イベント] を
タップ

通知の間隔を設定する
画面が表示される

●設定可能な通知時間

イベントの通知		終日イベントの通知
なし	1時間前	なし
イベント発生時	2時間前	イベントの日（9:00）
5分前	1日前	1日前（9:00）
15分前	1週間前	1週間前
30分前		

147

Q メールに添付されている
ファイルを見たい

A 検索機能を活用して探しましょう

添付ファイル付きのメールは [メール] 画面のフィルターから確認することもできますが、検索機能を活用すると簡単に添付ファイルにたどり着けます。最近の添付ファイルは [検索] 画面上に、よくアクセスする添付ファイルは [受信ファイルと送信ファイル] 内に表示されます。

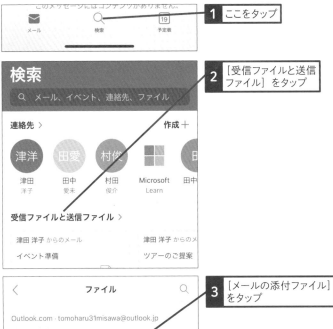

1 ここをタップ

2 [受信ファイルと送信ファイル] をタップ

3 [メールの添付ファイル] をタップ

添付ファイルの一覧が表示される

添付ファイルを選んでタップすると、ファイルの中身が表示される

148

2021　365
お役立ち度 ★ ★ ★

A 検索機能からタスクの確認と完了を
行えます

スマートフォンのOutlookアプリではタスク管理を [To Do] アプリに分割しているためタイトル閲覧と完了のみが行えます。タスクの追加や削除、詳細の閲覧などを行いたい場合、[To Do] をタップして [To Do] アプリを呼び出しましょう。利用には事前にアプリのインストールと設定を行っておく必要があります。

第7章 外出先でも手軽にチェック！スマホアプリの活用

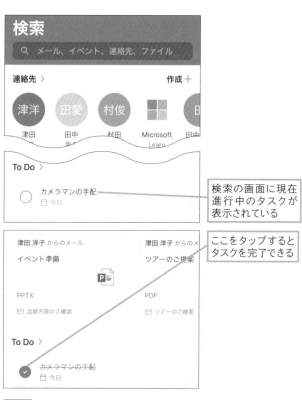

検索の画面に現在
進行中のタスクが
表示されている

ここをタップすると
タスクを完了できる

関連
149 [To Do] アプリを利用するには　　　▶ P.209

関連
150 [To Do] のアプリでできることって?　　▶ P.211

149

Q [To Do] アプリを利用するには

お役立ち度 ★ ★ ★

A アプリストアからインストールを行います

タスク機能はスマートフォンのOutlookアプリではOutlookから分離され、[To Do] アプリとなりました。これに伴ってパソコン版のOutlookでもタスク機能は今後 [To Do] に置き換わることが発表されています。多くのタスクには期限があり、期限を遵守するためには適度な通知でリマインドすることが重要です。このアプリは管理から通知まで一通りの機能が備わっています。

第7章 外出先でも手軽にチェック！スマホアプリの活用

▼iPhone

▼Android

< 戻る **Microsoft To Do へようこそ** tomoharu31misawa@outlook.jp **サインイン** 職場、学校、または Microsoft アカウントでサインインします。 q w e r t y u i o p	[To Do] アプリをインストールしておく ここではiPhoneの画面で手順を解説する [To Do] アプリをタップして起動しておく **1** Microsoftアカウントのメールアドレスを入力 **2** [サインイン] をタップ

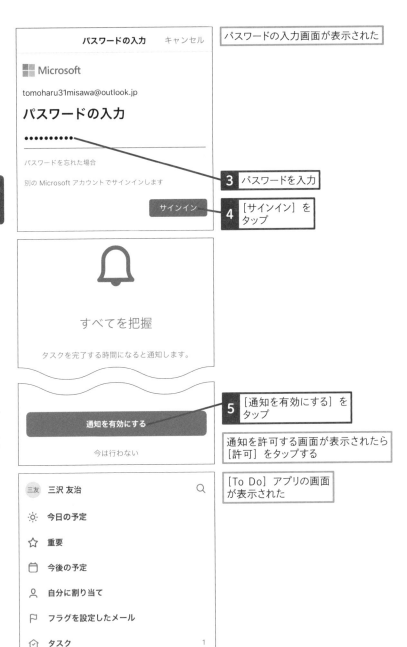

パスワードの入力画面が表示された

■■ Microsoft

tomoharu31misawa@outlook.jp

パスワードの入力

●●●●●●●●●●

パスワードを忘れた場合

別の Microsoft アカウントでサインインします

3 パスワードを入力

サインイン

4 [サインイン] を
タップ

すべてを把握

タスクを完了する時間になると通知します。

通知を有効にする

今は行わない

5 [通知を有効にする] を
タップ

通知を許可する画面が表示されたら
[許可] をタップする

[To Do] アプリの画面
が表示された

三友　三沢 友治　　　　　　　　Q

☀️ 今日の予定

☆ 重要

🗂 今後の予定

👤 自分に割り当て

🏳 フラグを設定したメール

☑ タスク　　　　　　　　　1

150

Q [To Do] のアプリで できることって?

お役立ち度 ★ ★ ★

A タスクの管理やステップなどを 整理できます

Outlookのタスクを拡張した機能が [To Do] ですが、大きな違いはタスクに [ステップ] というサブタスクを追加できるようになったことです。[ステップ] を設定しておけば、タスクの進捗状況を確認しやすくなります。また、タスクを表示する機能に [今日の予定] が加わっています。期限とは異なり、今日行う予定をタスク一覧から選んで設定することで、一日の予定を管理できます。

● To Doの画面

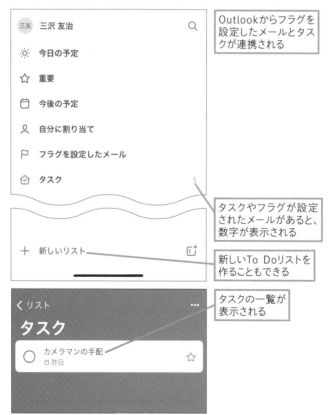

Outlookからフラグを 設定したメールとタス クが連携される

タスクやフラグが設定 されたメールがあると、 数字が表示される

新しいTo Doリストを 作ることもできる

タスクの一覧が 表示される

次のページに続く→

● リストの共有

自分でTo Do
リストを作成
できる

作成したTo Do
リストを共有で
きる

● タスクの割り当て

共有相手にタスクを割り当てる
ことができる

タスクを割り当てられた相手
のアカウントが表示される

♪ステップアップ

Outlook以外の仕組みから会議出席依頼を受けられるのはなぜ？

Facebookなどで会議設定した場合でも、Outlookの予定として会議設定されます。
これはiCalenderという標準方式が定められているために行えるようになっていま
す。こういった標準化は至る所で行われています。メールの送受信も同様に標準の
方式があります。しかしながら各アプリで違いもあるので注意が必要です。例えば
Facebookの会議は終了時間を入れない設定が行えますが、Outlookではその会議
を終日イベントと解釈し、開始時間が反映されません。そういったことを避けるため
にも設定できる情報はできるだけすべて設定するようにしておきましょう。

151

Q タスクを追加するには

お役立ち度 ★ ★ ★

A 数回のタップで追加できます

タスクは [今日の予定]、[重要]、[今後の予定] リストからも追加できます。これらのリストは [タスク] リストのビューとなっています。[今日の予定] は [今日の予定に追加] をタップしたとき、[重要] は [★] が設定されているとき、[今後の予定] は今週が期限のタスクとして設定されているときに表示されます。タスク入力時にこれらを設定しておきましょう。

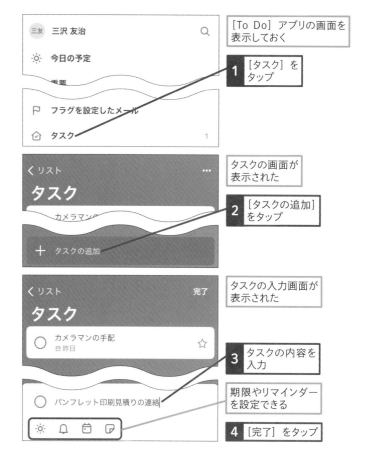

[To Do] アプリの画面を表示しておく

1 [タスク] をタップ

タスクの画面が表示された

2 [タスクの追加] をタップ

タスクの入力画面が表示された

3 タスクの内容を入力

期限やリマインダーを設定できる

4 [完了] をタップ

152 ⓠ リストを共有したい

Ⓐ 新規作成したリストは
ほかの人と共有可能です

インストール時に作成される [タスク] リスト以外にリストを作成した場合、この
リストを共有することができます。共有する場合、共有相手がMicrosoft 365
の利用者であるなど、Microsoftアカウントを持っている必要があるため、共有
前に保有状況を確認することをお薦めします。

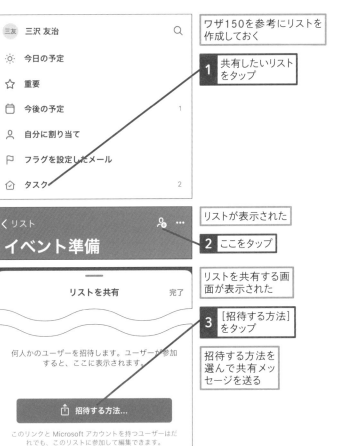

ワザ150を参考にリストを作成しておく	
1 共有したいリストをタップ	
リストが表示された	
2 ここをタップ	
リストを共有する画面が表示された	
3 [招待する方法] をタップ	
招待する方法を選んで共有メッセージを送る	

153

Q タスクを共有相手に割り当てたい

お役立ち度 ★ ★ ★

2021 365

A タスクの詳細画面から割り当てましょう

タスクリストを共有した場合、共有相手にタスクを割り当てることができます。
自分で対応するものは自分に割り当てることで、作業の抜け漏れを防ぐことが
できます。タスクの割り当ては相手のある対応なので、実施可能かどうかを考
慮しながら行いましょう。

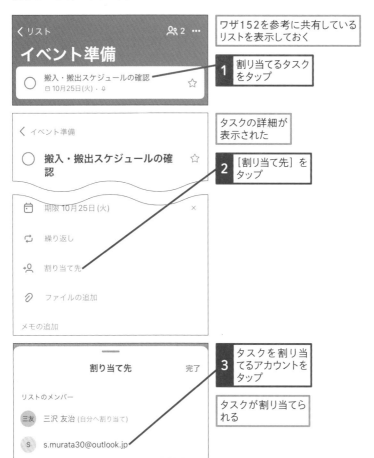

	ワザ152を参考に共有しているリストを表示しておく
	1 割り当てるタスクをタップ
	タスクの詳細が表示された
	2 [割り当て先] をタップ
	3 タスクを割り当てるアカウントをタップ
	タスクが割り当てられる

154 Q 自分に割り当てられた タスクを見る方法は?

2021 365
お役立ち度 ★ ★ ★

A [自分に割り当て] リストを 確認してみましょう

[自分に割り当て] タスクには共有されたリストの中で自分に割り当てられたタ スクが表示されます。自分に割り当てられたタスクについては特に期限の設定 を忘れずに行いましょう。なお、共有していないリストのタスクはこのリストに は表示できません。

第7章 外出先でも手軽にチェック! スマホアプリの活用

[To Do] アプリの画面を 表示しておく

1 [自分に割り当て] をタップ

三友 三沢 友治 🔍

☀ 今日の予定

☆ 重要

📅 今後の予定

👤 自分に割り当て　1

🏳 フラグを設定したメール

🏠 タスク　3

≡ イベント準備 👥　2

< リスト　…

自分に割り当て

○ 設置するモニターのレンタル手配　☆
　イベント準備 · 📅 10月24日(月)

自分に割り当てられた タスクが表示された

タスクをタップすると 詳細を確認できる

付録 ショートカットキー一覧

さまざまな操作を特定の組み合わせで実行できるキーのことをショートカットキーと言います。Outlookの操作を効率化するショートカットキーを集めました。

● Outlook全般の操作

選択したアイテムのプロパティを表示	Alt + Enter
[Outlookのオプション] ダイアログボックスを表示	Alt + F + T
[ホーム] タブに移動	Alt + H
アイテムの削除	Ctrl + D
アイテムの検索	Ctrl + E
アイテムの新規作成	Ctrl + N
アイテムを開く	Ctrl + O
印刷	Ctrl + P
上書き保存	Ctrl + S
別のフォルダーに移動	Ctrl + Y
直前の操作を元に戻す	Ctrl + Z
フォルダーを作成	Ctrl + Shift + E
高度な検索を使用	Ctrl + Shift + F
フラグを設定	Ctrl + Shift + G
Officeドキュメントを作成	Ctrl + Shift + H
メモを作成	Ctrl + Shift + N
アイテムの移動	Ctrl + Shift + V

アイテムのコピー	Ctrl + Shift + Y
ウィンドウを閉じる	Esc / Alt + F4

● メールの操作

メール画面を表示	Ctrl + 1
送信	Ctrl + Enter / Alt + S
転送	Ctrl + F
開封済みにする	Ctrl + Q
返信	Ctrl + R
未読にする	Ctrl + U
添付ファイルとして転送	Ctrl + Alt + F
アドレス帳を表示	Ctrl + Shift + B
[受信トレイ] に切り替える	Ctrl + Shift + I
メッセージの作成	Ctrl + Shift + M
[送信トレイ] に切り替える	Ctrl + Shift + O
[検索] フォルダーの作成	Ctrl + Shift + P
全員に返信	Ctrl + Shift + R
フォルダーに投稿	Ctrl + Shift + S

● 予定表の操作

[週] ビューで表示	`Alt`+`−` / `Ctrl`+`Alt`+`3`
[月] ビューで表示	`Alt`+`Shift`+`=` / `Ctrl`+`Alt`+`4`
前週に移動	`Alt`+`↑`
翌週に移動	`Alt`+`↓`
週末に移動	`Alt`+`End`
週初めに移動	`Alt`+`Home`
翌月に移動	`Alt`+`Page Down`
前月に移動	`Alt`+`Page Up`
前の予定に移動	`Ctrl`+`,`
次の予定に移動	`Ctrl`+`.`
翌日に移動	`Ctrl`+`→`
前日に移動	`Ctrl`+`←`
予定表画面を表示	`Ctrl`+`2`
指定の日付に移動	`Ctrl`+`G`
[稼働日] ビューで表示	`Ctrl`+`Alt`+`2`
予定の作成	`Ctrl`+`Shift`+`A`
会議出席依頼の作成する	`Ctrl`+`Shift`+`Q`

● 連絡先の操作

連絡先画面を表示	`Ctrl`+`3`
選択した連絡先を件名にしたメールを作成	`Ctrl`+`F`
連絡先を作成	`Ctrl`+`Shift`+`C`
連絡先グループを作成	`Ctrl`+`Shift`+`L`

選択した連絡先にFAXを送信	`Ctrl`+`Shift`+`X`

● タスクの操作

タスク画面を表示	`Ctrl`+`4`
タスクの依頼を承諾	`Ctrl`+`C`
タスクの依頼を辞退	`Ctrl`+`D`
タスクを添付ファイルとして転送	`Ctrl`+`F`
タスクの依頼を作成	`Ctrl`+`Shift`+`Alt`+`U`
タスクを作成	`Ctrl`+`Shift`+`K`

● 書式設定の操作

[書式] タブを表示	`Alt`+`O`
太字に設定／解除	`Ctrl`+`B`
選択範囲をコピー	`Ctrl`+`C`
文字列を中央揃えにする	`Ctrl`+`E`
置換の実行	`Ctrl`+`H`
斜体に設定／解除	`Ctrl`+`I`
[ハイパーリンクの挿入] ダイアログボックスを表示	`Ctrl`+`K`
文字列を左揃えにする	`Ctrl`+`L`
段落書式を解除	`Ctrl`+`Q`
文字列を右揃えにする	`Ctrl`+`R`
フォント書式の解除	`Ctrl`+`space`

インデントを設定	Ctrl + T
下線に設定／解除	Ctrl + U
貼り付け	Ctrl + V
フォントサイズの縮小	Ctrl + Shift + <
フォントサイズの拡大	Ctrl + Shift + >
書式のみコピー	Ctrl + Shift + C
箇条書きに設定	Ctrl + Shift + L
[フォント] ダイアログボックスを表示	Ctrl + Shift + P
インデントを解除	Ctrl + Shift + T
書式のみ貼り付け	Ctrl + Shift + V
書式設定を解除	Ctrl + Shift + Z

● Windows全般の操作

アドレスバーの選択	Alt + D
ウィンドウの切り替え	Alt + Tab
新しいウィンドウを開く	Ctrl + N
ウィンドウを閉じる	Ctrl + W
タスクマネージャーを起動	Ctrl + Shift + Esc
ウィンドウを最大化	■ + ↑
デスクトップの右半分にウィンドウを最大化	■ + →
ウィンドウを最小化	■ + ↓
デスクトップの左半分にウィンドウを最大化	■ + ←

クイック設定を表示	■ + A
通知領域を選択	■ + B
デスクトップを表示	■ + D
エクスプローラーを起動	■ + E
ヘルプの表示	■ + F1
作業中のウィンドウ以外をすべて最小化	■ + Home
[設定] を表示	■ + I
画面ロック	■ + L
ウィンドウをすべて最小化	■ + M
マルチディスプレイ出力モードの切り替え	■ + P
[ファイル名を指定して実行] ダイアログボックスを開く	■ + R
検索の開始	■ + S
タスクビューを表示	■ + Tab
クリップボード履歴の表示	■ + V
クイックリンクを表示	■ + X
スナップレイアウトを表示	■ + Z
仮想デスクトップを切り替え	■ + Ctrl + ← / ■ + Ctrl + →
仮想デスクトップを追加	■ + Ctrl + D
仮想デスクトップを閉じる	■ + Ctrl + F4
スクリーンショットを撮影	■ + Shift + S

索引

索引

索引

■著者
三沢友治（みさわ ともはる）

2004年より富士ソフト(株)に勤務。マイクロソフト製品の利用研究に明け暮れるフェロー。小規模から大規模まで、WindowsやOfficeの導入を中心に業務従事中。15年以上Microsoft 製品を触り続け、気が付いたのは「情報も技術も更新は早い方が良い」ということ。この気づきを活かし、日々情報収集とアウトプットを心掛け、自身のブログでは技術者の視点でWindowsやOffice製品の情報を発信している。2017年より「Microsoft MVP M365 Apps & Services」を受賞。

Blog
https://mitomoha.hatenablog.com/
https://www.fsi.co.jp/blog/teclist/misawa/

STAFF

シリーズロゴデザイン	山岡デザイン事務所 <yamaoka@mail.yama.co.jp>
カバー・本文デザイン	伊藤忠インタラクティブ株式会社
カバーイラスト	こつじゆい
DTP制作	田中麻衣子
校正	株式会社トップスタジオ
編集制作	株式会社トップスタジオ
デザイン制作室	今津幸弘 <imazu@impress.co.jp>
	鈴木 薫 <suzu-kao@impress.co.jp>
制作担当デスク	柏倉真理子 <kasiwa-m@impress.co.jp>
編集	高橋優海 <takah-y@impress.co.jp>
編集長	藤原泰之 <fujiwara@impress.co.jp>

■商品に関する問い合わせ先

このたびは弊社商品をご購入いただきありがとうございます。本書の内容などに関するお問い合わせは、下記のURLまたは二次元バーコードにある問い合わせフォームからお送りください。

https://book.impress.co.jp/info/

上記フォームがご利用いただけない場合のメールでの問い合わせ先

info@impress.co.jp

※お問い合わせの際は、書名、ISBN、お名前、お電話番号、メールアドレス に加えて、「該当するページ」と「具体的なご質問内容」「お使いの動作環境」を必ずご明記ください。なお、本書の範囲を超えるご質問にはお答えできないのでご了承ください。

● 電話やFAXでのご質問には対応しておりません。また、封書でのお問い合わせは回答までに日数をいただく場合があります。あらかじめご了承ください。
● インプレスブックスの本書情報ページ https://book.impress.co.jp/books/1122101144 では、本書のサポート情報や正誤表・訂正情報などを提供しています。あわせてご確認ください。
● 本書の奥付に記載されている初版発行日から3年が経過した場合、もしくは本書で紹介している製品やサービスについて提供会社によるサポートが終了した場合はご質問にお答えできない場合があります。

■落丁・乱丁本などの問い合わせ先

FAX 03-6837-5023

service@impress.co.jp

※古書店で購入された商品はお取り替えできません。

できるポケット

Outlook困った！&便利技 265
アウトルックこま　　べんりわざ

Office 2021 & Microsoft 365対応
オフィス　　　　　　　アンド　マイクロソフト　　　たいおう

2023年3月21日　初版発行

著　者　三沢友治&できるシリーズ編集部
　　　　み さわともはるアンド　　　　　　　　　　　へんしゅうぶ

発行人　小川 亨

編集人　高橋隆志

発行所　株式会社インプレス
　　　　〒101-0051　東京都千代田区神田神保町一丁目105番地
　　　　ホームページ　https://book.impress.co.jp/

印刷所　図書印刷株式会社

ISBN978-4-295-01633-5 C3055